독자의 1초를
아껴주는 정성을
만나보세요!

세상이 아무리 바쁘게 돌아가더라도 책까지 아무렇게나 빨리 만들 수는 없습니다.

인스턴트 식품 같은 책보다 오래 익힌 술이나 장맛이 밴 책을 만들고 싶습니다.

땀 흘리며 일하는 당신을 위해 한 권 한 권 마음을 다해 만들겠습니다.

마지막 페이지에서 만날 새로운 당신을 위해 더 나은 길을 준비하겠습니다.

라프 코스터의 재미이론

THEORY OF FUN
FOR GAME DESIGN

라프 코스터 지음, 그림

유창석, 전유택 옮김

라프 코스터의 재미이론 개정 2판

초판 발행 • 2017년 3월 25일

지은이 • 라프 코스터
옮긴이 • 유창석, 전유택
발행인 • 이종원
발행처 • (주)도서출판 길벗
출판사 등록일 • 1990년 12월 24일
주소 • 서울시 마포구 월드컵로 10길 56(서교동)
대표 전화 • 02)332-0931 | **팩스** • 02)323-0586
홈페이지 • www.gilbut.co.kr | **이메일** • gilbut@gilbut.co.kr

기획 및 책임편집 • 이원휘(wh@gilbut.co.kr) | **디자인** • 박상희 | **제작** • 이준호, 손일순, 이진혁
영업마케팅 • 임태호, 전선하, 지운집 | **영업관리** • 김명자 | **독자지원** • 송혜란, 정은주

교정교열 • 백주옥 | **전산편집** • 박진희 | **출력, 인쇄** • ㈜상지사P&B | **제본** • 경문제책

▸ 잘못된 책은 구입한 서점에서 바꿔 드립니다.
▸ 이 책에 실린 모든 내용, 디자인, 이미지, 편집 구성의 저작권은 (주)도서출판 길벗과 지은이에게 있습니다.
  허락 없이 복제하거나 다른 매체에 옮겨 실을 수 없습니다.

ISBN 979-11-6050-131-5 93560

(길벗 도서번호 006875)

정가 22,000원

독자의 1초를 아껴주는 정성 길벗출판사

(주)도서출판 길벗 | IT실용, IT전문서, IT/일반수험서, 경제경영, 취미실용, 인문교양(더퀘스트) www.gilbut.co.kr
길벗이지톡 | 어학단행본, 어학수험서 www.eztok.co.kr
길벗스쿨 | 국어학습, 수학학습, 어린이교양, 주니어 어학학습, 교과서 www.gilbutschool.co.kr

페이스북 • www.facebook.com/gbitbook

독자들의 이야기!

• 추천사 •

"내가 읽어본 책 중 최고의 게임 디자인 책이다."

— **데이비드 자페** 〈갓 오브 워〉의 크리에이티브 디렉터

〈만화의 이해〉가 연속 미술에 기여했던 역할을 이 책이 게임에 하고 있다. 비게이머라면 당신 주변의 게이머를 위해 사라. 게이머라면 당신 주변의 비게이머를 위해 사라. 재미에 대해 새로운 시각을 얻게 될 것이다."

— **코리 닥터로우** 〈리틀 브라더〉와 〈해적 시네마〉의 작가, 〈보잉보잉〉의 공동 편집자

'모든 게임 업계 종사자들이 읽어야 할 50권' 중 하나

— **EDGE**

'게임 디자인에 관한 필독서 5권' 중 하나

— **1up.com**

"게임 디자인에 관심이 있다면, 구해서 읽어라."

— **스티브 잭슨** 먼치킨과 겁스의 디자이너

***** 〈미드웨스트 북 리뷰〉

"… 진심으로 누구나 생애에 한 번 정도는 읽어야 할 책이라고 생각한다. 켐벨과 보글러가 스토리텔링에 관해 이룬 업적을 코스터는 플레이 측면에서 이루었다. 이 책은 역사에 남을 것이다. 아직 그 작가가 태어나지도 않았을 미래에나 나올 중요한 책에도 인용될 것이다."

— **GameDev.net**

"흥미와 도전을 불러일으키는 경험을 만들어내는 데 관심이 있는 사람이라면 누구라도 읽어야 할 탁월하면서도 기초적인 책이다."
   — 〈러닝 솔루션즈 매거진〉

"게임플레이의 이론에 관한 완벽한 고전"
   — **톰 채트필드** 〈Fun, Inc.〉의 저자

"코스터는 게임 디자인 실무와 학문적인 이론 사이의 빈틈을 충실하게 연결하고 있다. 인간 경험과 게임 사이의 관계에 흥미가 있는 사람이라면 반드시 읽어야 할 필독서다."
   — **Australian Journal of Emerging Technologies and Society**

"코스터는 〈재미이론〉에서 왜 사람들이 게임을 즐기거나 즐기지 못하는지 설득력 있게 설명하고 있다. 또 그는 우리 자신을 매우 매우 우둔하다고 느끼게 만든다."
   — 〈게임 인포머 매거진〉

"이 책을 읽으면 머리 속에 벼락을 여러 번 맞는 것 같은 느낌을 받을 것이다."
   — **제시카 멀리건** 온라인 게임 선구자

"무엇이 정말로 게임을 재미있게 만드는지 알고 싶은 사람이라면 이 책을 읽어야 한다."
   — **크리스 멜리시노스** 스미스소니언 박물관 〈비디오 게임의 예술〉 전시 큐레이터

"재미의 기본 원리에 대해 유쾌하게 접근하여 게임 디자인의 신비로운 수수께끼가 펑 하고 사라지게 만들었다."
   — 〈컴퓨터 게임 매거진〉

"게임은 재미 삼아 하는 것 이상이다. 게임은 인간다움의 핵심이다. 게임, 그리고 재미를 이해함으로써 우리는 우리 자신을 이해하게 된다. 라프 코스터는 계속해서 우리 세상을 더 재미있게 만들고 있는 좋은 사람이다. 또한, 그는 이 책을 통해 그의 책을 읽은 독자들과 학생들도 그렇게 할 수 있도록 돕고 있다."
   — **마이크 맥셰프리** 〈게임 코딩 컴플리트〉의 저자

"코스터는 우리 업계 최고의 책을 써냈다. 누구나 이 책을 책장에 꽂아두기를 바란다."
   — **스콧 밀러** 3DRealms의 CEO

"〈재미이론〉은 게임뿐만 아니라 모든 엔터테인먼트에서 공통적으로 적용될 수 있는 진리를 밝히고 있다. 게다가 그 과정이 명확하고, 통찰력 있고, 재미있기까지 하다! 이 책은 나온 즉시 고전의 반열에 오를 것이며, 게임을 만드는 사람이든 그저 즐기는 사람이든 모두를 매혹시킬 것이다."

— **노아 팔스타인** 구글의 수석 게임 디자이너

"중요하고 가치 있는 책"

— **어네스트 애덤스** 게임 디자이너

"스스로를 돕는다는 마음으로, 이 책을 한 권 사라."

— **브랜다 로메로** 〈트레인〉과 〈위저드리〉의 디자이너

"재미에 관한 책이 실제로 읽기에도 재미있다. 복잡한 논거들을 단순한 원리로 환원하고 그것을 흥미로운 방식으로 제시해주었던 스콧 맥클라우드의 〈만화의 이해〉를 연상시킨다. 라프 코스터는 게임을 좀 더 표현력 있는 매체로 만들어줄 로드맵을 제시한다."

— **헨리 젠킨스 박사** USC

"전문적인 게임 개발자들뿐만 아니라 우리가 왜 게임을 하는지 이해하고 싶어하는 사람이라면 누구나 〈재미이론〉을 만끽할 수 있을 것이다."

— **코리 온드레카** 페이스북 – 세컨드 라이프 공동창업자

"이 주제에 관해 지금까지 나온 것들 중에 가장 좋아하는 책이기에 강력하게 추천한다."

— **데이비드 페리** 샤이니 엔터테인먼트, 가이카이, 소니

"라프 코스터는 게임에 관해 중요한 질문을 던진다. 왜 게임은 재미있으며, 그것이 게임과 우리에 대해 시사하는 점은 무엇인가? 의식의 본성, 게임과 현실이 만나는 지점과 어울리지 않는 지점, 게임과 이야기의 차이, 그리고 재미의 일곱 가지 유형을 살펴보는 여행을 떠나자. 그와 함께 떠나는 여행은 즐거울 것이다."

— **클레이 셔키** NYU

"대단히 세련된 작업임에도 불구하고 가식이나 쓸데 없이 어려운 말이 보이지 않는다."
 — 마이클 펠트슈타인 SUNY 학습 네트워크

"오늘날 게임이 왜 이렇게 널리 퍼져 있는지 이해하려면 〈재미이론〉을 반드시 읽어야 한다. 이 책은 재미가 이 세계에서 차지하는 역할에 새로운 조명을 던져주며, '놀이'가 우리를 인간답게 하는 과정에 대해 설명하고 있다."
 — 댄 아레이 〈잭과 덱스터〉 시리즈의 디자이너

"재미와 흥미에 관한 질문을 재미있고 흥미로운 방식으로 풀어낸다."
 — 〈러닝 서킷츠〉 American Society for Training and Development

"학생, 교사, 전문가 등 게임 디자인에 관련된 모두가 이 책을 읽어야 한다."
 — 이안 슈라이버 〈게임 디자이너를 위한 도전〉의 공동 저자

"읽는 과정이 정말 즐겁다. 이 책은 내 서가의 '게임 옹호론자'쪽 자리를 채우고 있다."
 — 댄 쿡 〈트리플 타운〉의 게임 디자이너

"아주 재미있는 책. 재치 있고 재미있는 방식으로 풀어냈다."
 — 텔 테일 게임즈의 마이클 사민

"코스터의 〈재미이론〉은 유려한 문장에, 시의적절하고, 열정적이고, 과학적 지식에 충실한 수작이며, 많은 주목을 받을 가치가 있다."
 — 에드워드 캐스토노바 박사 인디애나대학교, 〈가상 세계로의 엑소더스〉의 저자

"당신의 영혼 속 어딘가에 게임 디자이너의 마음이 있다면 이 책을 반드시 읽어야 한다. 나라면 이 책을 게임 디자인의 바이블이라고는 못할지라도, 최소한 외경 목록에는 넣을 것 같다. 게임 업계에 있는 누구라도 이 즐거운 책을 즐기지 않을 수 없을 것이다."
 — 알란 엠리치 캘리포니아 예술대학

"가장 좋아하는 책 중 하나다. 많은 유명 온라인 게임의 크리에이티브 리드였던 라프는 우선 인간의 본능을 살펴보고, 그것으로부터 게임이 매우 중요하다는 추정을 끌어내고, 게임을 이해하기 위해 필요한 공식을 끌어낸다. '우와' 하는 감탄사가 나올 것이다."
 — 조지 '더 팻 맨' 생어 게임 사운드의 전설

"충분히 읽을 가치가 있다. 금새 빠져들게 될 뿐만 아니라, 몇 페이지 속에도 엄청난 깊이의 생각들이 꽉꽉 들어차 있다."
　　— **리 셀던** 게임 디자이너

"지금까지 읽어본 책 중 라프의 책에는 우리 업계에 필요한 가장 중요한 혜안의 말들이 담겨 있다. 그는 우리의 일과 작업이 진지하게 대접받고 싶다면 개발자 스스로가 자신의 일을 진지하게 여기고, 작품을 만들어내야 한다고 지적한다."
　　— **라이드 킴벌** 게임 디자이너

"게임 디자인에 흥미가 있다면, 이 책을 읽어야 한다."
　　— **f13.net**

"고맙게도, 〈재미이론〉은 모든 면에서 내 예상을 뛰어넘었다. 책의 오른쪽 페이지마다 주제와 관계된 그림이 있어서 마치 〈만화의 이해〉처럼 접근성이 높다. 그러나 깊이 역시 깊다. 뛰어난 책이며, 나온 즉시 고전이 되었다."
　　— **테라 노바**

"읽을 만한 가치가 있다. 사서 읽어라."
　　— **데이브 설린** 게임 디자이너

"라프 코스터의 〈재미이론〉은 탁월하다. 그저 게임 디자인 지침서가 아니라, 게임을 재미있게 만드는 무언가에 대한 명상록이다. 그런 이유로 분명 읽어둘 가치가 있다."
　　— **그랙 코스티키언** 게임 디자이너

"나는 엄청난 팬이다. 아마 15권 정도는 나눠준 것 같다. 어머니께도 한 권 드렸다. 이 책과 함께 수준 높은 디자인에 관한 대화를 나누기도 하지만, 어머니께 도대체 내가 무얼 하며 먹고 사는지, 또 내가 플레이한 게임들이 어떤 의미가 있는지 설명하는 데 활용하고 있다."
　　— **폴 스테파누크** 게임 디자이너

"아직 이 책이 없다면 당장 사야 한다. 그렇다. 강력히 추천한다."
　　— **리처드 바틀 박사** 〈머드〉의 공동 창시자

"라프 코스터의 〈재미이론〉은 중요한 책이다. 한 측면에서 이것은 게임 디자인의 예술성과 사회적 책무에 관한 선언이다. 다른 측면에서 이것은 인간의 동기와 학습에 관한 통찰력 있는 탐구다."

　— 〈논프로핏 온라인 뉴스〉

"라프 코스터의 〈재미이론〉은 다른 작가들이 너무 진지하게 다루었던 주제들을 재미있는 관점에서 다루고 있다. 이 책은 사려 깊게도 게임을 학습 도구로, 예술로, 사회를 변화시키는 주체로 생각해볼 수 있는 기반을 제공하고 있다."

　— 슬래시닷

"이 재미있고 창의적인 책은 일견 게임 디자이너를 위한 것이다. 나는 개인적으로 그 이상이라고 생각한다. 이 책은 게임에 흥미가 있는 누구에게든 게임의 작동 방식과 게임에 대한 관점을 이해하는 지침서가 될 것이다."

　— BlogCritics.org

"컴퓨터 게임뿐만 아니라 일반적인 재미라는 것이 무엇인지를 다시 생각해보게 하는 책이다."

　— 배현직 게임서버엔진 개발사 넷텐션

"이 책의 초판을 번역했을 때 나와 내 친구들은 모두 신참 개발자였다. 우리는 라프 코스터의 '게임은 배움이다'라는 생각에 열광했고, 게임을 만들고 게임을 플레이하는 행위가 의미 있는 일이 되도록 하자는 그의 제안을 가슴에 품었다. 그가 이번 판에 추가한 '게임이 수정 헌법 1조의 보호 대상이 되는 창작물이라는 판례가 나오기도 전'의 일이다.

그 후로 10년이 지났고, 이 책을 번역했던 친구들은 모두 각각 다른 길을 걷고 있지만, 모두가 지금도 게임과 재미의 경험을 사랑하며 살고 있다. 지금 이 추천사를 쓰며 그 동안의 10년을 돌이켜 보면 나 개인적으로는 부끄러울 뿐이지만, 지금 다시 읽어도 이 책이 주는 울림은 그때와 변함 없이 크고 깊다. 라프가 이 책을 쓰며 품었던 문제 의식은 지금도 유효하며, 오히려 더욱 중요해졌다.

게임을 사랑하는 모든 이에게 추천하는 책이다."

　— 김형진 엔씨소프트 Chief Creative Director

이 책을 내 아이들에게 바칩니다.
아이들이 없었다면 이 책을 쓸 수 없었기에.
그리고 크리스틴에게도 바칩니다.
내 첫 책은 그녀를 위한 것이라고 항상 약속했기 때문입니다.
그녀 없이는, 어떤 책도 없었을 것입니다.

• 지은이 소개 •

라프 코스터(Raph Koster)는 게임 업계의 거의 모든 곳에 족적을 남긴 베테랑 게임 디자이너다. 그는 십대 시절부터 취미로 게임 만들기를 시작했다. 시간이 흘러 〈레전드머드(LegendMUD)〉라는, 크게 성공한 텍스트 기반 가상 세계를 개발하는 데 중요한 역할을 맡았다. 〈울티마 온라인〉이나 〈스타워즈 갤럭시〉 같은 대규모 온라인 게임의 리드 디자이너와 디렉터를 담당했고, 벤처 창업가로서 자신의 개발 스튜디오 메타플레이스(Metaplace)를 경영했다. 페이스북 게임부터 휴대용 게임기의 일인용 게임에 이르기까지 디자인, 글쓰기, 미술, 사운드 트랙 음악, 프로그래밍 등의 역할을 맡으며 수많은 게임 제작에 관여해왔다.

코스터는 게임 디자인에 관해서는 세계 최고의 사상가이며, 전 세계 컨퍼런스에서 초대받는 인기 강연자다. 저서인 〈재미이론〉은 게임 분야에서 두말할 나위 없는 고전이고, '플레이어의 권리 선언', '온라인 세계 디자인의 법칙' 같은 글은 널리 읽히고 있다.

코스터는 1971년에 태어나 네 나라와 대여섯 개 이상의 주를 돌아다니며 살았으며, 결혼하여 두 아이가 있다. 워싱턴대학에서 영어/문예창작, 스페인어 학사학위를 받았고, 앨라배마 대학교에서 문예창작 석사학위를 받았다. 대학 시절은 인문학 전반과 음악 이론, 작곡, 스튜디오아트 등을 공부하며 보냈다. 그는 유명한 터키도시 과학소설가 연구회의 회원이었다. 그의 음악은 텔레비전에서 조명된 적이 있고, 〈After the Flood〉라는 앨범도 하나 내놓았다.

코스터는 2012년에 게임 개발자 컨퍼런스 온라인에서 정한 온라인 게임의 전설에 이름을 올렸다. 이 상은 온라인 게임 개발에 지울 수 없는 족적을 남긴 한 사람을 선정해서 그의 이력과 성취를 조명하는 것이다.

라프 코스터의 웹사이트 ▶ http://www.raphkoster.com
이 책의 웹사이트 ▶ http://www.theoryoffun.com

누가 내 몸에다 글을 써 놨지!

· 감사의 글 ·

ACKNOWLEDGEMENTS

이 책에 담은 생각들을 정리하는 과정에서 글로, 대화로, 섣부른 생각을 검증해주며 도움을 주었던 모든 분들께 특별한 감사를 드린다. 다음 목록에 특별한 순서는 없다.

초판에서 코리 온드레카는 열정적으로 꿈을 꾸어주었다. 벤 커즌스는 '루뎀(ludeme)'을 만들고 실증적으로 접근해주었다. 데이비드 커넬리는 루뎀을 사랑해주었다. 고든 왈튼과 리치 포겔은 멘토링, 멘토링, 멘토링을 반복하다 마침내 놓아주었다. J. C. 로렌스는 포럼을 만들었다. 예스퍼 율은 전제에 의문을 가져주었다. 제시카 멀리건은 예술 질문에, 존 부엘러는 감정 질문에, 존 돈햄은 탐닉과 취향에, 리 셸던은 이야기에 기여했다. 니콜 라자로는 나에게 감정에 대한 연구를 소개해주었다. 노아 팔스타인은 비슷한 길을 가고 있다. 그의 책을 기대하라. 리처드 바틀은 플레이스페이스와 작가의 의도를 대변해주었다. 리처드 개리엇은 미덕 개념을 소개해주었다. 로드 험블은 아주 길고 두서 없는 이야기를 들어주었다. 사라 하트는 인간의 조건에 관한 질문을 해주었다. 티모시 버크와 많은 다른 플레이어들은 답을 생각하지 않을 수 없는 질문들을 던져주었다. 윌 라이트는 견고한 게임 시스템에 대한 영감을 주었다.

초판이 나올 수 있도록 도와준 분들께 특히 감사드린다. 커트 스콰이어는 첫 프리젠테이션에서 벤을 소개해주었고, 벤 소이어는 편집을, 데이브 타일러와 패트리샤 파이저는 환상적인 편집 작업을 자청해서 해주었다. 키스 와이스캠프는 출판과 한 줄 한 줄 코멘트를 달아주었고, 크리스 나카시마 브라운은 법률적인 도움을 주었다. 킴 에오프는 책의 레이아웃을, 주니 플린은 교열을 맡아주었다.

2판은 레이첼 루멜리오티스, 메건 코널리, 오라일리 팀이 없다면 나올 수 없었을 것이다. 그들이 총 천연색으로 크게 꾼 꿈에서 여러분이 손에 들고 있는 책이 만들어졌다.

또한, 초판의 내용을 자발적으로 샅샅이 훑어준 독자에게도 특별한 감사를 전한다. 새로운 연구 결과, 만화 대사의 수정, 내용에 여러 방면으로 깊이를 더할 수 있었던 것은 모두 독자

덕분이다. 역시 특별한 순서는 없다. 질스 실트, 리처드 바틀 박사, 레베카 페르구슨, 이안 슈라이버, 맷 쿠시크, 제이슨 벤덴버그, 아이삭 베리, 에반 모레노−데이비스에게 감사를 전한다. 십 년이 지나는 동안 수천, 수만의 독자가 이 책을 읽어주었다. 많은 독자가 친절하게도 편지를 보내주거나, 블로그와 포럼에 글을 올려주거나, 혹은 작품에 활용해주었다. 이렇게 깊게 연결될 수 있는 독자를 만난 것은 엄청난 행운이었다. 여러 해 동안의 그 모든 논쟁과 비평과 성원에 감사드린다.

무엇보다 크리스틴은 그림 스캔을 도와주었고, 일할 공간을 만들어주었고, 초안을 쓰자마자 읽어주었다. 그녀가 아이를 돌보고, 음식을 준비해주면서 일할 시간을 만들어주지 않았다면, 책이 나올 수 없었을 것이다.

마지막으로, 이 미친 일을 해나갈 수 있도록 도와주었던 인생에서 만난 모든 분께 감사드린다. 그리고 어려서부터 재미를 추구하는 감각을 키워주시고, 빌어먹을 게임과 컴퓨터를 사주셨던 나의 가족에게도.

• 목차 •

• 윌 라이트의 서문 •

이 책의 제목은 좀 잘못된 것 같다. 게임 디자이너의 입장에서 '이론'과 '재미'가 이렇게 가까이 붙어있는 것 자체가 본능적으로 불편하다. 이론은 도서관 뒤켠에 있는 두꺼운 책에서나 볼 수 있는 메마르고 학구적인 어떤 것이지만, 재미란 가볍고, 활기차며, 장난기가 넘치며…, 아무튼 재미있는 것이지 않은가!

인터랙티브 게임 디자인의 첫 몇십 년 동안 느리고 고통스럽게 걸음마를 시작하느라 작업에 관한 상위 담론들은 태연스럽게 무시하며 지내왔다. 이제야 처음으로 학문의 관점에서 우리가 하는 일에 진지한 관심을 가지기 시작했다. 이에 업계에 종사하는 우리들은 잠시 멈춰서 생각한다.

"우리가 작업하는 이 새로운 매체는 도대체 무엇일까?"

학문적인 관심은 두 가지로 나눠볼 수 있다. 첫 번째 관심은 비디오 게임이 새로운 매체, 새로운 디자인 영역, 어쩌면 새로운 예술의 형태를 대표한다는 인식 때문이다. 이 모든 것이 연구할 가치가 있다. 두 번째 관심은 게임을 즐기면서 자랐기에 업계에 투신하고자 하는 열정 넘치는 학생이 점점 늘어나고 있기 때문이다. 이 학생들은 게임이란 무엇이며, 어떻게 게임을 만드는지를 가르쳐줄 수 있는 학교를 원한다.

여기에 약간 문제가 있다. 아무리 학생이 배우려는 열의가 있어도, 게임을 가르쳐줄 수 있을 만큼 잘 이해하고 있는 선생이 거의 없다는 것이다. 사실은 그보다 더 심각한데, 오늘날 게임 업계에서 일하는 사람들 중에서 게임에 관한 지식이 있고 그 지식의 근거를 논할 수 있을 정도로 게임을 깊이 이해하고 있는 사람은 거의 없다(물론 라프 코스터는 예외다).

게임을 연구하고 가르치고자 하는 게임 산업과 학계의 연계가 천천히 만들어지고 있다. 학계와 게임 산업 양쪽에서 게임에 대해 이야기할 수 있는 공통 용어가 개발되고 있고, 이를 통해 개발자들이 좀 더 쉽게 자신의 경험을 공유할 수 있게 돕고 있다. 장래에 학생들은 이 용어를 사용하여 배울 것이다.

게임(비디오 게임과 전통적 게임 모두)은 너무나 다층적이어서 연구하기 까다롭다. 게임에 접근할 수 있는 방법론도 너무나 다양하다. 게임을 디자인하고 제작하는 과정에 관련된 요소를 살펴보면 인지심리학, 컴퓨터 과학, 환경 디자인, 스토리텔링 등 나열하자면 한이 없다. 게임을 진정으로 이해하기 위해서는 이런 모든 요소의 관점에서 게임을 볼 수 있어야 한다.

나는 언제나 라프 코스터의 이야기를 즐겁게 듣는다. 그는 비록 당장 써먹을 수 있지 않더라도 새로운 주제가 있다면 이를 열심히 파고드는, 게임 업계에서 보기 드문 사람이다. 그는 광활한 지적 세계를 탐험하고 돌아와서는 우리에게 자신이 발견한 것을 나누어주는 사람이다. 그는 용기 있는 탐험가일 뿐만 아니라 부지런한 지도 제작자이기도 하다.

이 책에서 라프는 다양한 관점에서 게임을 고찰하는 탁월한 일을 해냈다. 현업 디자이너의 감각으로 다양한 연관 영역의 연구 성과에서 유용하고 소중한 덩어리들을 발굴해냈다. 그리고 그의 발견을 친절하고 재미있는 방식으로 보여주는데, 모든 것이 제자리에 맞추어 떨어져서 모든 것이 완벽하게 들어맞는 것 같다.

이렇게 지혜의 정수만을 모은 책이라면… 이런 제목도 버틸만 하겠다.

-윌 라이트

윌 라이트(Will Wright)는 〈심즈〉, 〈심시티〉, 〈심어스〉, 〈스포어〉 같은 게임을 만든 전설적인 게임 디자이너다. 1999년 〈엔터테인먼트 위클리〉의 '엔터테인먼트 산업에서 가장 창의적인 100인', 〈타임〉지 디지털판의 '디지털 50인'에 선정되었으며, 2001년 게임 개발자 초이스 어워드의 '평생 공로상', 2002년 〈엔터테인먼트 위클리〉의 파워 리스트 35위, 같은 해에 인터랙티브 예술 및 과학 아카데미의 명예의 전당에 올랐으며, PC 매거진의 평생 공로상, 2008년에는 스파이크 TV의 게임상 중 게이머 갓 어워드를 처음으로 받는 명예를 얻은 바 있다.

• 역자 서문 •

이 책의 번역이 제 인생에서 게임이란 무엇인가를 좀 더 진중하게 생각해보는 계기가 되었습니다. 제 인생의 첫 게임은 기억나지 않습니다만, 어렸을 때 게임을 하면서 가장 행복했던 순간은 분명하게 떠오릅니다. 부모님과 함께 바닷가로 피서를 갔을 때 바닷가 오락실에서 아버지의 웃음과 함께 슈팅 게임을 하던 바로 그 기억이요.

대학교에서 TRPG를 접하고 두꺼운 TRPG 룰북을 보면서 게임이라는 것이 사실상 복잡한 규칙과 고민을 통해 만들어진다는 것을 알고, 게임을 다시 보게 되었습니다. 그 이후 사람들과 밤새워 게임 이야기를 나누고 토론하고 연구하는 데서 즐거움을 찾게 되었습니다. 또한, 제가 게임을 만드는 데 재능이 없다는 것을 깨달은 것도 이때 이룬 성과 중 하나입니다. 그럼에도 게임 회사에 취직했고, 그때 어머니 말씀이 아직도 기억에 남습니다.

"수능 시험 전날까지 그렇게 뿅뿅을 하더니 결국 게임 회사를 들어가는구나."

이렇게 나름대로 게임에 대해 고민한 저에게 〈라프 코스터의 재미이론〉과의 첫 만남은 거대한 충격이었습니다. 인생의 연륜과 대가의 숙련됨이 빚어낸 이 책은 게임의 본질을 이렇게 넓고 깊이 살펴볼 수 있다는 깨달음을 주었습니다. 무엇보다 〈재미이론〉은 처음으로 이러한 고민을 하고, 어떻게 이러한 생각을 했는지 그 과정을 후학들에게 친절하게 설명해줌으로써 이 책을 읽는 사람이 이 책을 딛고 더 멀리 나아갈 수 있게 해주었죠.

이 책이 나온 지 10년이 지난 지금, 이 책의 위상은 사실 많이 바뀌었습니다. 세상에 처음 나왔을 때는 "어떻게 이런 생각을 할 수 있을까?!"라는 반응이었다면 지금은 이 책의 내용을 "당연한 진리" 또는 "게임 개발자로서 당연히 알고 있어야 할 기본 원리"로 여기는 것 같습니다.

세계적으로 이 책의 위상은 많이 바뀌었지만, 우리나라에서는 그리 많이 바뀌지 않은 것 같습니다. 게임에 대한 사람들의 생각들이 말이죠. 아니, 더 악화된 것 같기도 합니다. 〈재미이론〉이

나온 뒤 미국에서는 게임이 미국 수정헌법 제1조 표현의 자유의 대상물로 포함되는 역사적인 판례가 나왔지만, 그 사이 한국은 셧다운제가 등장하고 게임중독, 마약이라는 꼬리표가 게임 산업에 붙었습니다. 이러한 상황에서 이 책은 10년 사이 지친 우리에게 대가가 보내는 격려의 메시지처럼 느껴지기도 합니다. "우리도 사실 힘들었지만 이렇게 크고 아름답게 일구었다. 너희들도 할 수 있다."라고 말이지요.

게임은 사실 산업이나 학술적인 관점에서도 라프 코스터가 펼쳐놓은 화두들을 제대로 소화하지 못하고 있습니다. 이제서야 우리는 경험이라는 것이, 더 나아가 재미라는 것이 사람들에게 중요한 것임을 깨닫고 있습니다. 경험 마케팅(Experience Marketing), 경험 경제(Experience Economy), 경험 디자인(Experience Design)이라는 용어가 게임 밖 세상에서 등장하고 있고, 게임이 가진 본질이 사람에게 있어서 중요한 것이라는 것을 깨닫고 있지요. 그러나 게임이 이루어 놓은 것과 게임 밖 세상이 이루어 놓은 것을 연결하기는 쉽지 않은 것 같습니다.

그럼에도 사람들은 게임이 가지고 있는 눈부신 가치에 대해 하나 둘씩 깨닫고, 한걸음씩 나아가고 있습니다. SBS 프로그램 〈런닝맨〉의 성장 이후 방송 PD 및 작가에게 게임 디자인 책은 기초 소양처럼 여겨지고 있다거나, 스타벅스 마일리지 프로그램을 만든 사람이 게임 매니아였다거나 하는 풍문이 들리기도 합니다. 그러나 여전히 갈 길은 멀어 보입니다.

이런 상황에서 다시 원점으로 돌아가 〈재미이론〉을 읽는다는 것은 명상을 하는 것과 같은 느낌을 줍니다. 게임의 본질, 재미의 본질, 더 나아가 이를 통해 내가 해야 하는 일을 깨닫는 것이죠.

최근 게임에 대한 연구를 하면서 논문을 읽다가 노벨 경제학상을 탄 대가들의 고전 논문을 몇 개 읽었습니다. 그리고 그 논문과 이 책이 참 비슷하다는 생각이 들었습니다. 번역을 위해, 퇴고를 위해, 오타를 잡기 위해 몇 번씩 다시 읽어도 이 책은 저에게 늘 새로운 영감을 줍니다.

이 책을 읽으시는 모든 분이 역자들의 오타와 실수를 넘어 대가의 깨달음에 닿기만을 간절히 바랄 뿐입니다.

- 유창석

업계에서 어느 정도 거리를 둔 지도 다섯 해가 지났습니다. 사용자로서 스무 해, 만드는 사람으로서 열 다섯 해, 한 발 떨어진 관전자로서 다섯 해를 거치면서 다소 경직되고 고루했던 게임에 대한 저의 생각도 조금씩 변하고 있다고 생각합니다. 그런 와중에 무려 십 년 만에 〈라프 코스터의 재미이론〉이 개정판으로 출간되고, 번역의 기회가 닿게 되었습니다. 〈재미이론〉 초판이 번역 출간될 때 마침 제가 몸담고 있던 게임 연구 모임에서 감수를 했던 인연도 있었기에 마치 오랫동안 연락하지 못했던 선배를 다시 만난 것 같은 반가움도 있습니다.

〈재미이론〉은 어려운 책입니다. 기본적으로 게임과 게임 문화에 관한 일정 수준의 지식이 필요하고 수학, 논리학, 인지심리학, 뇌과학, 언어학, 음악, 교육학 등 다양한 학문을 넘나드는 논리 전개에 정신을 차리기가 힘듭니다. 동시에 쉬운 책이기도 합니다. 저자의 논지는 명확하고, 한 페이지는 글, 한 페이지는 글과 관계가 깊은 그림이 서로 보완해주어 읽는 재미가 있으면서도 글의 논지가 쏙쏙 박히는 책입니다.

또한, 〈재미이론〉은 혁명적이었습니다. 책에서 이야기하고 있는 이야기 하나 하나가 새롭거나 놀라운 이야기는 아니었지만, 라프 코스터의 작업만큼 원론적이고 논리적이며 학술적인 이야기는 없었습니다. 십 여 년이 지난 오늘날 라프 코스터의 논지를 일부라도 인정하지 않는 게임 연구가는 없으리라 생각됩니다. 하지만 여전히 게임에는 존재의 이유가 있고, 있어야 한다는 라프 코스터의 주장이 어떤 사람에게는 받아들이기 어려운 이야기일 수 있습니다.

이 글을 쓰고 있는 저도 초판을 읽었을 때는 라프 코스터의 이야기에 대부분 동의하면서도, 게임은 쓸모가 있다는 주장에 무척이나 거북했던 기억이 있습니다. 그때나 지금이나 저는 게임이 가지는 오락물로서의 가치가 그 무엇보다 중요하다고 생각하기 때문입니다. 그러나 시간이 흐르고, 수많은 업계의 논의를 거치며 라프 코스터의 주장도 더욱 깊어지고 정교해졌습니다. 아직 그의 생각을 들어보지 않은 분도, 십 년 전에 그의 주장을 고민해보셨던 분도 깊게 생각하며 읽어볼 수 있는 책이 되리라 생각합니다.

몇 년 전 가장 규모가 큰 게임 개발자 모임인 GDC에서 전설 시드 마이어의 '흥미로운 선택'이라는 강연을 들을 기회가 있었습니다. 게임플레이란 '일련의 흥미로운 선택'이라는 주제의 강연으로 지금에 와서는 교과서 같은 이야기입니다. 강연을 마치고 나니 모두 아는 일반적인 이야기를 한다고 몇몇 관객들의 푸념이 들려왔습니다. 약간 과장하면 뉴턴에게서 만유인력 강의를 듣는 것 같은 일이었거든요.

〈재미이론〉도 그렇게 읽힐지 모르겠습니다. 그럼에도 클래식이 클래식인 것은 나름의 이유가 있게 마련입니다. 편집과 교열에서 빛나는 역량을 보여주셨음에도 발생할 헤아릴 수 없는 오역과 실수에 미리 양해의 말씀을 구하면서 그 와중에도 보석 같은 고전의 열매를 가져가시기를 기원하겠습니다.

– 전유택

우리 할아버지

할아버지께서는 내가 하는 일에 자부심을 가지고 있는지 궁금해하셨다. 그러실 만도 한 것이, 비록 그 당시 나는 모르고 있었지만, 인생의 마지막 황혼을 보내고 계신 할아버지는 평생 소방서장으로 지내며 여섯 아이를 기르신 분이셨다. 그 여섯 아이 중 한 분은 할아버지의 뒤를 이어 소방서장으로 지내다가 지금은 욕조 마감재 장사를 하신다. 특수교육 교사, 건축가, 목수도 계신다. 선량하고 건실한 사람들이 할 만한 선량하고 건실한 직업이다. 그런데 나는 사회에 기여하기는커녕 게임이나 만들고 있으니….

나도 사회에 기여하고 있다고 할아버지께 말씀드렸다. 게임은 그저 심심풀이가 아니라 가치 있고 중요한 것이라고. 그 증거가 내 앞에 있었다. 내 아이들이 거실에서 틱택토*를 하고 있었던 것이다.

아이들이 게임을 하면서 게임을 통해 배우는 것을 보며 일종의 계시 같은 것을 느꼈다. 내 직업이 게임을 만드는 것임에도 불구하고, 현대적인 대형 엔터테인먼트 제품을 만드는 데 매몰되어 게임이 왜 재미있는지, 재미란 무엇인지 이해하는 일을 등한시해왔던 것이다.

아이들은 그렇게 나도 모르는 사이에 나를 〈재미이론〉으로 데려가 주었다. 그래서 나는 할아버지께 말씀드렸다. "네, 이 일은 가치가 있어요. 저는 사람들을 연결시켜주고, 또 사람들을 가르쳐요." 그러나 그 말을 뒷받침할 증거는 댈 수 없었다.

아이들은 그때 틱택토를 배우고 있었다.

• Chapter 1 •
왜 이 책을 쓰는가?

우리 아이들은 아주 어려서부터 게임을 접했다. 아이들 주변에는 이미 게임이 널려 있었고, 내 직업도 직업인지라 엄청나게 많은 게임을 집에 가져가곤 했다. 아이들이 부모를 따라하는 것은 전혀 놀라운 일이 아니다. 그러나 우리 아이들은 엄청난 독서광이었던 부모를 따라 책을 읽지는 않았다. 아이들이 게임에 끌리는 건 본능적인 것 같다. 아기일 때도 물건 숨기기 게임에 끝없이 열광했고, 조금 더 자란 지금도 게임을 하며 킬킬대곤 한다. 숨겨둔 고무 오리를 찾으려고 갓난아이가 여기저기 진지하게 탐색에 열중하던 모습을 돌이켜 보면 아이들에게는 물건 숨기기 게임이 엄청나게 재미있었던 모양이다.

아이들은 언제 어디서나 놀이를 하며, 종종 어른들이 잘 이해하지 못하는 게임을 하며 놀기도 한다. 아이들은 놀면서 엄청난 속도로 배운다. 통계 자료를 보면 아이들이 하루에 얼마나 많은 단어를 습득하는지, 얼마나 빠르게 운동 신경을 키우는지, 얼마나 많이 살아가는 데 필요한 기초 요소를 배우는지 알 수 있다. 솔직히 아이들이 배운 내용은 너무나 작고 미묘하여 그것을 배웠다는 사실조차 깨닫지 못한다. 그래서 우리는 이 학습 능력이 얼마나 놀랍고 고마운 재주인지 인식하지 못한다.

언어를 배우는 일이 얼마나 어려운 일인지 생각해보라. 그럼에도 불구하고 전 세계 어린이가 그 일을 일상적으로 해내고 있다. 바로 **첫** 언어(모어) 말이다. 아이들은 언어를 배울 때 머릿속에서 어원이 같은 말(cognates)*을 찾아 번역하는 과정을 거치지 않는다. 니카라과의 청각 장애 아들이 몇 학년을 지내는 사이에 온전하게 작동하는 수화를 만들어낸 이야기가 화제가 되었다.* 많은 사람이 언어는 우리 머릿속에 이미 새겨져 있고, 그것을 말과 글로 자연스럽게 이끌어내는 무언가가 있다고 믿는다.

아이들이 게임을 배우는 과정을 지켜보는 것은 재미있다.

언어가 머리에 새겨진 유일한 활동은 아니다. 어린이는 발달 단계를 따라 자라면서 다양한 본능적인 행동을 한다. 어떤 부모든 '끔찍한 두 살(한국의 미운 세 살)' 시절을 겪고 나면 마치 머리에 스위치가 켜진 것처럼 아이의 행동이 극단적으로 바뀐다고 말한다(그러나 이런 상태는 두 살이 넘어서도 지속된다. 미리 경고하는 바다).

아이들은 자라면서 여러 가지 게임을 거친다. 우리 아이들이 틱택토를 익히는 과정은 매우 흥미로웠다. 몇 년 동안은 내가 계속 이겼는데, 어느 날부턴가 게임은 모두 무승부로 끝났다.

틱택토가 더는 아이들의 흥미를 끌지 못하게 된 바로 그 순간이 나에게는 엄청나게 매혹적인 순간이었다. 나는 왜 통달과 이해의 순간이 이렇게 급작스럽게 찾아오는지 자문해보았다. 아이들은 게임 이론에 대한 지식을 알고 "틱택토는 최적 전략이 있는, 한계가 분명한 게임이에요."라고 말하는 것이 아니었다. 아이들은 패턴을 보았지만, 이해하지는 못했다. 마치 우리가 무언가를 볼 수 있다고 해서 그것을 **이해하는** 것은 아닌 것처럼.

사실 많은 사람에게 흔히 벌어지는 일이다. 나 역시 완벽하게 숙련된 일이지만, 충분히 이해하지 못하고 할 때가 많다. 자동차 운전에 자동차 공학 학위가 필요하지는 않다. 토크가 어떤지, 휠과 브레이크가 어떤 원리로 작동하는지 이해할 필요도 없다. 일상에서 문법에 맞게 대화하기 위해 문법 규칙을 좔좔 외우고 있을 필요도 없다. 틱택토가 NP−난해(NP-hard)인지 NP−완전(NP-complete)*인지를 알지 못하더라도 엉터리 게임이라는 것은 알 수 있다.

아이들은 틱택토가
엉터리 게임이라는 것을
이해하기 시작했다.

나 역시 아무리 열심히 살펴봐도 전혀 이해할 수 없었던 경험이 많다. 인정하기는 싫지만, 이럴 때 나는 보통 바로 포기한다. 요즘 들어 귀밑머리가 희끗희끗해지기 시작하면서 이런 일이 더 자주 생긴다. 전처럼 마우스를 빠르게 조작할 수 없게 되었다. 이렇게 실력 부족을 느끼느니 점차 게임을 하지 않게 된다. 심지어 상대 플레이어가 내 친구이라도 말이다.

그렇다고 "인터넷 플레이는 못 해 먹겠어! 망할 중딩들!"이라고 말하려는 게 아니다. 단순히 짜증 때문에 이렇게 반응하는 것이 아니다. 여기에는 일종의 지루함이 포함되어 있다. 문제를 보고 이렇게 이야기하는 것이다. "글쎄, 시시포스*처럼 이 친구들과 매일 게임을 할 수도 있지. 하지만 계속 질 게 뻔하고, 또 지루해. 시간을 더 쓸모있는 데 써야겠어."

내가 들기론 나이가 들수록 이런 감정이 더 심해지는 것 같다. 더욱더 많은 새로운 경험 (novel experiences)이 나올 것이고, 2038년쯤 되면 최신 기계장치에 손도 대지 못하고, 똘똘한 손자 녀석이 이리저리 조작해주는 대로 사용할지도 모른다.

이것은 숙명일까?

저들이 어떤 생각을 할지 알 것 같다. 나는 이제 아이가 아니다.
언젠가는 내 컴퓨터에서 게임을 하는 것이 무능하다는 기분이 들지도 모른다.
나는 이제 능력 부족을 느끼므로 그만둘 것이다.

FPS (일인칭 슈팅 게임)

진짜 몸임

내 페이스에 맞는 게임을 할 때는 아직도 아이들을 압도할 수 있다(무하하하*). 〈스크래블〉 (Scrabble, 역주: 철자가 적힌 플라스틱 조각들로 단어를 만드는 보드게임)이나 그 밖의 정신적인 도전이 필요한 게임이 알츠하이머의 진행을 늦춘다*는 글을 읽었다. 정말로 두뇌 활동을 많이 하면 두뇌가 유연해지고 젊음을 유지할 수 있을까?

그러나 게임은 영원하지 않다. 언젠가는 "있잖아, 이 게임은 끝까지 다 해본 것 같아."라고 말하는 시점이 온다. 최근 인터넷으로 깜찍한 타자 게임을 하면서 이를 경험했다. 스쿠버다이버인 나를 상어들이 잡아먹으러 다가오는 게임으로, 다가오는 상어 머리에 단어가 적혀 있고, 그 단어를 타이핑하면 상어가 배를 내밀고 죽어버린다.

나는 타이핑하는 손이 느리기는 하지만, 그래도 1분에 100단어 정도는 타이핑할 수 있다. 게임은 재미있었지만, 너무 쉬웠다. 12~14레벨쯤 되자 게임이 끝나버렸다. 게임이 패배를 인정한 것이다. 게임은 이렇게 말했다. "아시겠지만, 제가 생각해낼 수 있는 기술을 모두 사용했습니다. 단어 중간을 아무렇게나 띄어 쓰고, 철자를 역순으로 써보고, 글자를 마지막까지 숨겨보기도 했습니다. 이제부터는 난이도가 똑같은 문제를 대충 던질 겁니다. 이제 모든 것을 다 보여드렸으니 그만하셔도 됩니다."

그 충고를 받아들여 게임을 그만두었다.

때때로 내가 잘하는 게임을 플레이할 때는
정말 잘할 수 있지만,
잘해서 지루해지고 만다.

퍼즐 게임

게임은 너무 어려워도 지루하고, 너무 쉬워도 지루하다. 나이가 들면서 게임을 이쪽에서 저쪽으로 갈아타기도 한다. 마치 아이들이 틱택토를 거쳐 간 것처럼. 때로는 게임에서 나를 박살 낸 사람들이 나에게 친절하게 설명해주기도 한다. "자, 이건 교점을 활용하는 게임이야."* 내가 대답한다 "교점? 나는 판에 말을 놓는 거라고 생각했는데!" 그러면 그들은 내가 절대 이해하지 못할 거라는 듯이 어깨를 으쓱한다.

내가 게임이란 무엇이며, 재미란 어떤 것이며, 게임이 왜 의미가 있는지 질문을 던지겠다고 마음 먹었던 이유가 바로 이 때문이다. 아이들의 행동 발달에 관한 심리학 서적은 상당히 많다. 그러나 게임은 그다지 진지하게 다뤄지지 않는 것이 사실이다.

이 책을 쓰는 순간에도 많은 사람이 이 질문을 탐구하고 있다. 게임, 특히 디지털 형식의 게임은 큰 사업으로 성장했다. 우리는 텔레비전에서 게임 광고를 보고, 게임 산업이 영화 산업보다 더 돈을 많이 버는지 아닌지로 논쟁을 벌이고,* 게임이 아이들의 폭력성을 유발하는지 고민한다. 게임은 이제 중요한 문화 세력이다. 이제 게임이 던지는 수많은 질문을 더 깊이 탐구해야 할 때다.

또한, 나는 부모가 아이에게 어릴 때는 놀이가 중요하니 충분히 놀 시간을 주어야 한다고 주장하다가, 나중에는 인생에서 일이 훨씬 더 중요하다고(그래서 공부해야 한다고) 주장하는 것이 이상하다고 생각했다. 내 생각에 솔직히 일과 놀이는 그리 다르지 않다. 이제부터 이런 결론을 내리게 된 과정과 이유를 설명하겠다.

왜 어떤 게임은 재미있고 어떤 게임은 지루할까?
왜 어떤 게임은 시작한 지 얼마 되지 않아 지루해지는데,
어떤 게임은 오래 해도 재미있을까?

• Chapter 2 •
뇌는 어떻게 동작하나?

'게임'에 대한 수많은 정의가 있다.

'게임 이론'*이라는 분야도 있는데, 게임보다는 심리학과 더 관련이 많고, 심지어 수학과 더 관련이 깊으며, 게임 디자인과는 전혀 상관없는 분야다. 게임 이론은 경쟁자들이 어떻게 최적의 선택을 하는지 설명하는 이론이며, 자주 잘못된 결과를 내기도 하는 정치학이나 경제학에서 주로 사용된다.

사전에서 '게임'을 찾아보는 것도 별 도움이 되지 못한다. 게임의 정의를 찾으러 나선다면 온 사방을 헤매야 할 것이다. 취미나 오락거리, 시합의 개념이 명확하게 분리되지 않고 뒤섞여 있다. 흥미롭게도 이 정의들 중 어느 하나도 재미를 게임의 필수 요소로 가정하지 않는다. 기껏해야 오락이나 여흥 정도를 요소로 포함할 뿐이다.

게임을 정의하고자 했던 소수 학자들의 이야기도 다양한 방향으로 살펴보았다. 로제 카유아*의 '자발적이고…, 불확실하며, 비생산적이며, 규칙에 따라 지배되며, 만들어진 믿음 체계'부터 요한 하위징아*의 '자발적 행동… 일상생활에서 벗어난…', 에스퍼 율*의 좀 더 현대적이고, 더 정확한 '게임은 변화할 수 있는, 정량적인 결과물을 가진 규칙 기반의 형식 시스템이다. 다른 가치를 어떻게 배분하느냐에 따라 결과물이 다르게 나오므로 플레이어는 결과물에 영향을 주기 위해 노력을 들이며, 그로 인해 결과물에 애착을 느낀다. 따라서 행동의 결과물은 선택적이며 협상할 수 있다'라는 정의까지 말이다.

이 중 어느 것도 게임 디자이너가 '재미'를 찾는 데 도움이 되지 않는 건 마찬가지다.

사람은 놀라울
정도로 패턴을
잘 찾아낸다.

게임 디자이너 역시 혼란스럽고 상충되는 정의를 내리기는 마찬가지다.

- 저명한 게임 디자이너이자 이론가인 크리스 크로퍼드*에 따르면 게임은 플레이어들이 서로의 목표를 저지하면서 발생하는 갈등에 한정된 엔터테인먼트의 한 종류다. 크리스 크로퍼드의 정의는 게임이라는 나무에 달린 수많은 잎사귀(노리개, 장난감, 도전, 이야기, 경쟁) 중 하나(갈등과 목표)만 이야기할 뿐이다.

- 컴퓨터 게임의 명작 〈문명〉을 디자인한 시드 마이어*는 '흥미로운 선택의 연속'이라는 유명한 정의를 내린 바 있다.

- 〈앤드루 롤링스와 어니스트 애덤스의 게임 디자인〉*이라는 책을 쓴 앤드루 롤링스와 어니스트 애덤스는 시드 마이어의 정의를 좀 더 좁혀서 '가상 환경에서 하나 또는 그 이상으로 가볍게 연결된 도전의 연속'이라고 하였다.

- 케이티 살렌과 에릭 짐머만은 저서 〈놀이의 규칙〉*에서 게임은 '플레이어들이 규칙이 정해진 인공적인 갈등에 참여하여 측정 가능한 결과물을 내는 시스템'이라고 하였다.

이런 식으로 하다 보면 게임을 분류하며 트집 잡는 일에 말려버릴 것 같다. 간단한 것도 깊게 파다 보면 얼마든지 복잡해질 수 있지만, 재미는 본질적인 것이니만큼 더욱 근원적인 개념을 찾을 수 있지 않을까?

이에 대해 나는 뇌의 작동 방식에 관한 자료를 읽으면서 답을 찾았다. 내가 읽은 바에 따르면, 사람의 뇌는 주로 게걸스럽게 패턴을 먹어 치우는 존재로, 말하자면 개념을 먹어 치우는 회색의 부드럽고 포동포동한 팩맨이라 할 수 있다. 게임은 그저 정말로 맛있어 보이는 패턴이다.

아이들이 학습하는 걸 관찰해보면 분명한 패턴이 있음을 볼 수 있다. 우선 한 번 시도해본다. 이러한 행동을 보면 아이들은 단순히 말로 가르쳐줘서는 배우지 못하는 것 같다. 반드시 실수를 해봐야 한다. 아이들은 한계까지 테스트해보고, 한계의 경계를 확인해본다. 아이들은 같은 비디오를 보고 또 보고, 그리고 보고 또 보고, 보고 또 본다.

얼굴 모양을 찾을 수
있는 곳을 살펴보자

아이들이 학습하는 데서 보이는 패턴은 우리 뇌가 얼마나 패턴 지향적인지를 나타내는 증거다. 우리는 패턴 탐색 과정에서도 패턴을 탐색한다! 아마 얼굴이 좋은 사례일 것이다. 나뭇결이나 석고벽의 패턴 안에서, 또는 길바닥 얼룩에서 얼마나 많은 얼굴을 보았던가? 뇌의 많은 부분이 놀라울 정도로 얼굴을 보는 데 사용된다. 어떤 사람의 얼굴을 볼 때면 놀랍도록 많은 두뇌의 연산 능력이 그 얼굴을 해석하는 데 사용된다. 다른 사람과 얼굴을 마주 보지 않고 이야기를 들으면 그 사람이 말하는 내용을 잘못 이해할 때가 많은데, 이는 얼굴에서 나오는 정보가 모두 빠졌기 때문이다.

인간의 사회 활동에서 얼굴은 엄청나게 중요하므로 뇌에 언어가 새겨져 있었던 것처럼 얼굴 인식*도 새겨져 있다. 선 몇 개로 이루어진 만화에서 얼굴을 인식하고, 인식한 얼굴 안에서 미묘한 감정을 해석할 수 있는 역량은 뇌가 잘하는 것이 무엇인지를 보여준다.

간단하게 말하면, 뇌는 정보의 빈 곳을 채우는 데 특화되어 있다. 우리가 인지하지 못하는 사이에 이런 작업을 계속한다.

전문가들은 우리가 생각하는 만큼 우리의 의식이 명확하지 않다고 말한다. 우리는 대부분의 일을 자동주행모드로 수행한다. 하지만 자동주행모드는 주변 상황을 상당히 정확하게 인지하고 있을 때만 작동한다. 코는 실제로 시야를 상당히 가리고 있지만, 우리가 무언가를 쳐다보면 뇌는 순식간에 코를 안 보이게 만든다.* 도대체 뇌가 코에 무슨 짓을 한 것일까? 그 답은 이상하게 들리겠지만, 바로 **추정**(assumption)이다. 두 눈이 제공하는 입력과 그전에 보았던 것을 기반으로 그럴듯하게 구성해낸 것이다.

추정은 뇌가 가장 잘하는 것이다. 나는 언젠가 추정 때문에 우리가 절망할 거라고 생각한다.

사실 우리는 패턴이
전혀 없는 곳에서도
패턴을 찾는 경향이 있다.

어쩌구 저쩌구···

라프는 또다시
현학적이 되었다····

뇌가 인식하는 방식을 이해하는 일에 전념해온 과학 분야가 있다.* 이미 상당히 멋진 발견을 해놓은 상태다.

피실험자에게 농구공이 몇 개인지 세어보라고 말하고, 농구 선수가 많이 나와서 복잡하게 공을 주고받는 영상을 보여주면 피실험자는 영상 뒤쪽에 배회하는 거대한 고릴라를 눈치 채지 못하는 경우가 많다. 그 고릴라가 정말로 눈에 띄는 대상임에도 말이다.* **우리의 뇌는 상관없는 것을 편집하는 일을 잘한다.**

누군가에게 최면을 걸고 어떤 것을 설명해보라고 하면 길거리에서 대충 물어볼 때보다 훨씬 상세하게 설명한다. **뇌는 우리가 생각하는 것보다 더 많은 정보를 인식한다.**

우리는 이제 누군가가 어떤 사물을 그릴 때 실제 그 사물을 보고 그릴 때보다 머릿속에서 생각해서 그릴 때 일반화되고 상징적인 형태로 그리는 경향이 매우 높다는 것을 알고 있다. 사실 우리가 의식이 있는 상태로 무언가를 본다는 것은 정말로 어려운 일이며, 대부분은 그걸 어떻게 하는지도 배운 바가 없다! **뇌는 우리에게 적극적으로 현실 세계를 숨긴다.**

이러한 지식은 '우리가 안다고 생각하는 것을 아는 것에 대해 우리가 어떻게 생각하는지'에 대한 그럴듯한 표현인 '인지 이론'*이라는 영역에 속한다. 위에 언급한 대부분의 내용은 '청크 만들기'*라는 개념의 사례다.

우리는 언제나 청크를 만든다.

한 패턴을 완전히 이해하고 나면
보통 그 패턴에 지루해져서 상징화한다.

만약 내가 당신에게 아침에 출근할 때까지 무엇을 했는지 상세하게 말해달라고 하면 당신은 아침에 일어나, 비틀거리면서 욕실로 들어가, 샤워하고, 옷을 입은 뒤, 아침 식사를 하고, 집을 나와서, 일하는 데까지 운전해서 갔다고 순서대로 이야기할 것이다. 잘 이야기한 것처럼 보인다. 내가 각각의 단계를 어떻게 수행했는지 말해달라고 하기 전까지는 말이다. 옷을 입는 단계를 생각해보자. 아마 당신은 모든 단계를 기억하기 어려울 것이다. 어떤 옷을 먼저 집었지? 상의였나, 하의였나? 양말을 첫 번째 서랍에 두었나, 아니면 두 번째 서랍에 두었나? 바지에는 왼발을 먼저 집어넣었나? 셔츠의 단추를 잠글 때는 어느 쪽 손이 먼저 단추에 닿았나?

이에 대해 계속 생각하면 대답할 수 있는 확률이 높아지긴 할 것이다. 이를 아침 루틴이라고 하는데, 규칙적으로 반복하는 일상이기 때문이다. 당신은 아침 루틴을 자동주행모드로 진행한다. 아침 루틴 전체는 뇌에 청크되어 있다. 따라서 일부러 의식해야만 각각의 단계를 기억할 수 있다. 아침 루틴은 뉴런에 각인된 기본적인 레시피이므로 더는 '생각'할 필요가 없다.

'생각'이 무슨 뜻이든 간에 말이다.

인간은 이것을 정말로 잘한다.
우리는 길을 거의 보지 않고도
운전을 할 수 있다.

우리는 보통 이렇게 자동화된 청크 패턴*을 돌린다. 생각이란, 사실 대부분이 기억이며 지나간 경험에 대한 패턴 매칭이다.

또한, 우리가 보는 대부분이 청크 패턴이다. 우리는 실제 세상을 직접 보는 경우가 매우 드물다. 그 대신 세상을 청크로 만들어 인지하고, 청크로 만들어 기억한다. 뇌가 관여하면 세상은 종이판으로 실제 사물을 대체해서 구성한 모양이 되는 셈이다. 어떤 사람들은 사물을 볼 때 생각하는 대로 보는 것이 아니라 사물 자체를 보게 하는 데 예술의 정수가 있다고 주장한다. 나무를 노래하는 시는 나무껍질의 위풍당당함과 나뭇잎의 절묘함, 나무둥치의 강력함과 가지 사이의 빈 곳이 만들어내는 놀라운 추상성을 강제로 보도록 만든다. 시는 우리가 늘 당연히 여겼던 '나무, 녹색을 띤 큰 무언가, 뭐든 간에'라는 머릿속 이미지를 무시하게 만든다.

우리가 기대하는 대로 청크가 작동하지 않을 때 우리는 곤경에 빠진다.* 심지어 죽을 수도 있다. 만약 자동차가 생각한 대로 앞으로 가는 게 아니라 옆으로 달린다면 이러한 상황에 대한 '청크'를 훈련받지 않은 이상 루틴을 사용하여 빠르게 대응할 수 없다. 그리고 애석하게도 의식은 매우 효율이 낮다. 위기 상황에서 무엇을 해야 하는지 생각해야 한다면 상황은 점점 더 악화될 것이다. 우리의 반응 속도는 루틴보다 수십 배 더 느리므로 사고가 날 확률이 커진다.

우리가 사는 청크의 세상은 아주 흥미롭다. 당신은 읽으면서 진짜로 이 글을 읽고 있는지 불안할 수도 있다. 여기서 내가 정말 말하고 싶은 것은 애초에 청크와 루틴이 어떻게 만들어지는지에 관한 것이다.

무언가 변했는데 아직
상징화에 반영되지 않았다면
망했다고 할 수 있다.

사람들은 혼돈을 싫어하고, 규칙을 좋아한다. 엄격한 규율을 말하는 것이 아니라 구조나 변화에 내재된 규칙 같은 것 말이다. 예를 들어 서양 미술사에는 전통적으로 많은 그림이 황금분할,* 즉 그림의 공간을 비율이 다른 사각 형태로 나누는 규칙을 사용해왔다. 우리는 황금분할을 사용한 그림을 '더 예쁘다'고 생각한다.

이는 미술계만의 비밀이 아니다. 지나친 혼돈은 대중에게 인기가 없다. 우리는 이를 '소음', '추함', '형식이 없는'이라고 표현한다. 대학교 시절 음악 선생님은 "음악은 소리와 침묵이 정돈된 것이다."라고 말했다. 이 문장에서 '정돈된'이란 단어는 매우 중요하다.

매우 정돈된 음악임에도 대중에게 인기 없는 음악도 있다. 비밥이라는 재즈 장르는 많은 사람에게 그저 소음이다. 그러나 나는 소음을 다르게 정의해보고 싶다. **소음은 우리가 이해하지 못하는 패턴이다.**

심지어는 잡음에도 패턴이 있다.* 만약 난수에 기반을 두고 검은 점과 하얀 점을 뿌리면 여기에 사용된 난수 발생기로 인한 패턴이 생긴다. 복잡한 패턴이지만 어쨌든 패턴이다. 만약 숫자를 만들어내는 데 사용한 알고리즘을 알고, 알고리즘을 생성하는 초깃값을 안다면 이 잡음을 똑같이 복제할 수 있다. 우리가 관찰할 수 있는 우주에서 패턴이 없는 경우란 거의 존재하지 않는다. 우리가 무언가를 잡음으로 인지했다면 이는 우리가 알아채지 못한 것이지, 이 세상이 잘못된 것이 아니다.

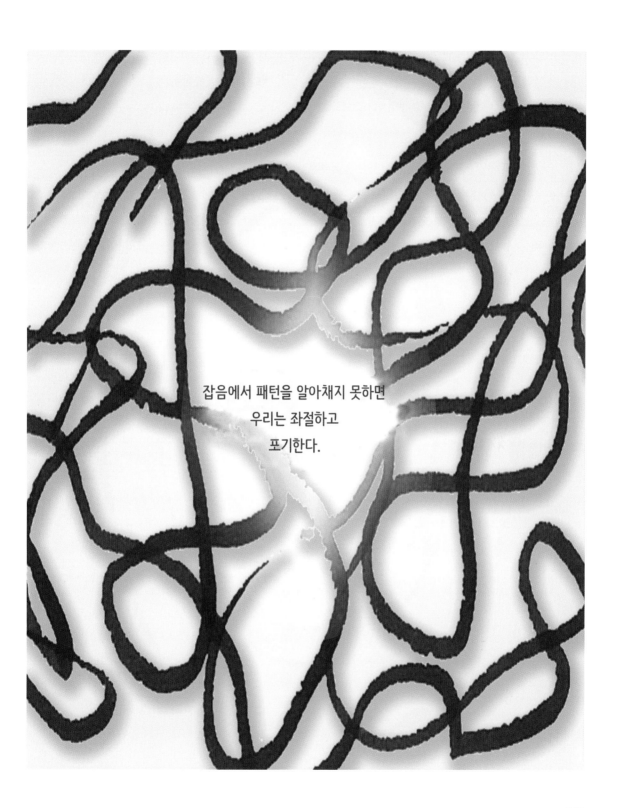

잡음에서 패턴을 알아채지 못하면
우리는 좌절하고
포기한다.

비밥 재즈를 처음 들으면 이상하게 들릴지도 모른다. 특히 옛 취향의 '코드 세 개와 진심'* 스타일의 로큰롤을 들으면서 자랐다면 말이다. 아이들의 음악 취향에 불평하는 수많은 부모의 표현을 빌려오면 비밥 재즈는 '악마의 음악'이다.

초반의 불쾌함을 감수하면(아마 몇 초에 불과할 것이다) 비밥 안에 내재된 패턴을 볼 수 있을 것이다. 예를 들어 재즈 사운드에서 매우 중요한 '감 5도'*를 알아차릴 것이다. 손가락으로 4/4 박자를 예상하며 두드리다가 사실 이게 7/8 같은 다른 박자라는 것을 알고 놀랄 것이다. 얼마간은 막막하겠지만, 감을 잡고 나면 기쁨의 전율을 경험하거나 발견의 즐거움을 느낄 것이다.

재즈에 흥미가 생겼다면 이 패턴에 푹 빠져서 재즈를 기대하게 될 것이다. 정말 빠져들면 얼터네이트 베이스* 포크 같은 음악은 고루하고 지루할 것이다.

축하합니다! 당신은 방금 재즈를 청크했습니다(흠, 너무 재수 없게 들리지 않기를).

하지만 패턴을 알아채고 난 뒤에는 패턴을 추적하고
패턴이 발생하는 것을 보면서 큰 즐거움을 얻는다.

그러나 재즈를 마스터했다는 뜻은 아니다. 지식으로 이해한 것, 직관적으로 이해한 것, 완전히 꿰고 있는 것 사이에는 큰 차이가 있다.

'꿰다(grok)'라는 단어는 매우 유용하다. 이 단어는 로버트 하인라인*이 자신의 소설 〈낯선 땅의 이방인〉에서 처음 만들어냈다. 무언가를 완전히 이해해서 하나가 되고, 심지어는 **사랑**하게 된다는 의미다. 직관이나 공감을 넘어서는 깊은 이해인 것이다(물론 직관이나 공감은 이 과정에서 필수 단계다).

'꿰고 있다(grokking)'는 것은 '근육 기억'과 유사한 점이 매우 많다. 인지에 대해 글을 쓰는 사람들은 뇌가 크게 세 가지 영역으로 나뉘어 작동한다고* 설명한다. 첫 번째 영역은 우리가 의식이라고 부르는 영역이다. 이 영역은 논리적이며, 목록을 만들거나 자원을 배분하는 등 기본적으로 수학적인 차원에서 작동한다. 의식은 느리게 작동하며 소위 IQ가 높은 천재도 마찬가지다. IQ 테스트를 통해 측정하는 영역이 여기에 해당한다.

두 번째 영역의 뇌는 더 느리다. 이 영역은 통합적이고, 연관적이며, 직관적이다. 이 영역에서는 서로 상관없어 보이는 것들을 연결한다. 사물을 하나로 묶고 청크하는 작업이 바로 두 번째 영역에서 진행된다. 이 영역에서는 언어를 사용하지 않으므로 우리는 이 영역에서 벌어지는 일에 직접 접근할 수 없다. 또한, 자주 틀린다. 이 영역은 자기모순에 자주 빠지는 '상식'의 근원이다(돌다리도 두들겨 보고 건너라, 그러나 뛰는 놈 위에 나는 놈 있다). 또한, 현실의 근사치*를 만들어내는 영역이기도 하다.

우리는 이것을 '연습'이라고 부르며, 우리가 연습을 더 많이 할수록,

생각의 마지막 영역은 사실 생각의 영역이 아니다. 우리는 손이 불에 닿으면 뇌가 생각하기도 전에 순간적으로 손을 잡아챈다(이는 진짜로 과학자들이 측정한 결과다).*

이를 '근육 기억'이라고 부르는데, 사실 거짓말이다. 근육에는 기억이라는 게 없다. 근육은 전류를 흘리면 풀었다 감았다 하는 거대한 스프링 덩어리에 불과하다. 이는 모두 신경계와 관련되어 있다. 몸의 매우 많은 부분이 **자율신경계**(autonomic nervous system)에 기반을 두어 작동하는데, 자율신경계란, 신경계가 자기 혼자 결정을 내린다는 것을 그럴듯하게 표현한 용어다. 이 중에는 심장 박동수처럼 의식으로 통제하는 방법을 배울 수 있는 것도 있다. 불에 뎄을 때 손가락을 잡아채는 반사 신경도 배울 수 있는 것에 속한다. 그리고 몸을 노련하게 다루도록 단련하는 것도 자율신경계 영역에 속한다.

자율신경계에 관련된 오래된 농담이 하나 있다. 소방관들은 불이 난 건물에서 창문으로 탈출하는 사람들을 구조하고, 건물 밑에는 사람들이 모여 있었다. 건물 안에 있는 한 엄마가 자기 아이를 소방관에게 던지는 것을 망설이자 밑에 있던 한 남자가 말했다. "어머니, 걱정 마세요. 제가 아이를 받겠습니다. 저는 유명한 골키퍼입니다." 그래서 엄마는 골키퍼에게 아이를 던졌다.

하지만 잘 던지지 못해서 축구선수는 몸을 날려야 했다. 아이를 잡아챈 뒤 깔끔하게 텀블링을 하고 완벽하게 일어서서 환호하는 군중에게 아이를 들어올려 보였다. 모든 사람이 감탄했다.

그 순간 그는 아이를 골킥을 차듯이 멀리 차 버렸다.

맞다. 기분 나쁜 농담이었다. 하지만 여기서 보아야 할 것은 근육 기억이 아니라 우리가 본능적으로 내리는 결정의 전체 모습이다.*

우리가 하는 일에 대해 생각할 것이 더 적어진다.

악기 연주를 예로 들어보자. 나는 기타를 연주할 수 있다. 주로 통기타를 연주한다. 피아노나 키보드를 조금 만져 보았고, 밴조나 덜시머도 소리를 내는 수준은 된다.

어느 해인가 아내가 생일에 만돌린을 선물해주었다. 만돌린은 기타와 음계가 다르다. 마치 바이올린처럼 조율한다. 프렛 간격은 더 좁다. 코드 잡는 법도 완전히 다르다. 기타에서 사용하는 테크닉 중 사용할 수 없는 것도 많다. 서스테인도 기타에 비해서는 작은 편이다. 사용하는 용어도 다르다. 그런데도 만돌린을 어느 정도 연주하는 데까지 그리 힘들지 않았다.

이는 단지 근육 기억만으로는 설명할 수 없다. 물론 지판 위에서 손가락을 빠르게 움직일 수 있는 능력이 어느 정도 기여를 하긴 했지만, 이것이 전부는 아니다. 예를 들어 손가락이 움직이는 간격이 다르고, 손가락을 놓아야 하는 곳 역시 다르다. 내가 만돌린을 쉽게 배울 수 있었던 이유는 20년 이상 기타를 연주해와서 현악기와 관련하여 청크화된 지식이 충분히 쌓였기 때문이다. 지난 시간 기타를 연주하면서 음과 음 사이의 공간에 대한 이해가 깊어지고,* 리듬을 숙련하고, 화성 진행의 이해 같은 어려운 개념도 연습해왔다.

이러한 라이브러리를 구축하는 과정을 우리는 '연습'이라고 부른다.* 연구에 따르면 반드시 물리적으로 연습해야만 하는 것도 아니다. 머릿속으로만 연습해도 상당 부분 물리적으로 연습한 효과를 얻을 수 있다고 한다. 이는 근육이 아니라 뇌가 대부분의 일을 한다는 강력한 증거다.*

뇌가 무언가를 진짜로 연습하면 우리는 이에 대해 꿈을 꾼다. 이는 새로 얻은 패턴을 기존에 알고 있는 모든 것과 일치시키기 위해 조정하는 작업이며, 새로 신경계를 새겨나가는 직관적인 영역이다. 최종적인 목표는 새로 얻은 패턴을 루틴으로 만드는 것이다. 솔직히 내 생각에 뇌는 무언가를 반복해서 작업하는 것을 진짜로 싫어하는 것 같다.

기본적으로 뇌를 연습시키는 건 즐겁다.

Chapter 3

게임이란 무엇인가?

이제 본격적으로 게임에 관해 이야기해보자.

앞서 제시한 '게임'의 정의를 다시 살펴보면 몇 가지 공통 요소가 있다. 게임이 자신만의 세계 속에 존재하는 것처럼 설명한다. 게임을 시뮬레이션, 형식 시스템, 혹은 하위징아가 말했던 현실에서 분리된 '마법의 원' 등으로 묘사한다. 게임에서는 갈등뿐만 아니라 선택이나 규칙도 중요하다고 말한다. 마지막으로 게임을 현실이 아니라 현실을 흉내 내는 것이라고 많이 정의 한다.

그러나 내가 보기에 게임은 매우 현실적이다. 게임은 세상의 패턴을 상징화해서 묘사하므로 마치 현실을 추상화한 것처럼 보일지 모른다. 게임과 뇌가 사물을 시각화하는 행동에는 공통 점이 있는데, 우리가 현실을 인지한다는 건 뇌가 현실을 추상화한다는 의미이기 때문이다.* 나는 이러한 추상화 과정을 세탁이라고 부른다.

묘사된 패턴은 현실에 있을 수도 있고, 없을 수도 있다. 예를 들어 틱택토가 전쟁을 훌륭하게 묘사한 게임이라고 말하는 사람은 없다. 그러나 우리가 인식하는 게임의 규칙(나는 패턴이라 고 부르겠다)은 '불은 타오른다'나 '자동차가 전진하는 원리' 같이 자명한 현실의 규칙을 인식 하는 것과 완전히 같은 방식으로 처리된다.

세상에는 게임을 보는 방식으로 접근할 수 있는 시스템으로 가득하며, 그렇게 접근하면 세상 의 요소는 게임이 된다. 게임은 마치 인생에서 마주치는 다른 모든 것과 마찬가지로 풀어내야 하는 퍼즐과 같다. 게임을 배우는 과정은 자동차 운전, 만돌린 연주, 7 곱하기 7을 배우는 과 정과 같다. 우리는 기저에 깔린 패턴을 학습하고, 그것을 완전히 꿴 다음, 필요할 때 재사용할 수 있게 정리하여 보관해둔다. 게임과 현실 사이의 유일한 차이는 게임에 걸린 판돈이 현실보 다 적다는 것뿐이다.

게임은 퍼즐이다.

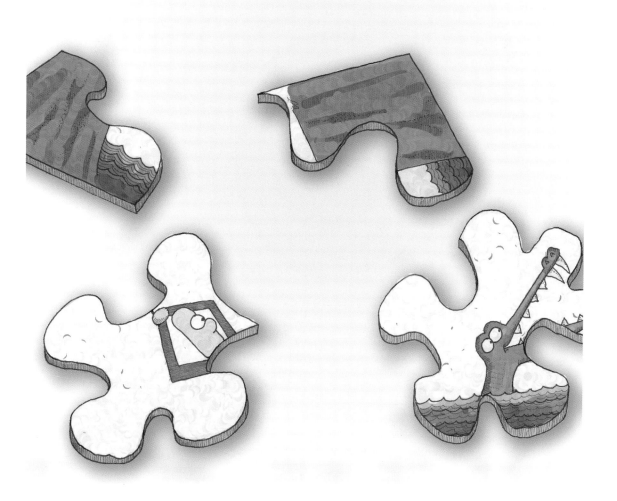

게임은 특별하고 독특하다. 게임은 뇌가 씹어먹기 좋게 농축한 청크(chunk)다. 추상과 상징으로 되어 있는 게임은 두뇌가 받아들이기 쉽다. 게임은 형식 시스템이므로 집중에 방해되는 세부적인 요소는 제거되어 있다. 보통 뇌가 복잡한 현실을 게임만큼 명료하게 만들려면 노력을 많이 들여야 한다.

달리 말하면, 게임은 매우 원초적이며 강력한 학습 도구의 역할을 한다. 책에서 '지도는 영토가 아니다'*라는 글을 읽는 것과 게임에서 내 군대가 상대방에게 박살 나는 상황을 만나는 것은 전혀 다르다. 게임에서 군대가 박살 난 이유가 현황을 제대로 반영하지 못한 지도 때문이라면 실제로 수많은 병사를 잃어 고향으로 돌려보내지 못하는 불행을 겪지 않고서도 이 중요한 교훈을 배울 수 있을 것이다.

이런 식으로 바라보면 장난감과 게임의 차이, 놀이와 스포츠의 차이도 구분하기만 까다롭지 크게 중요하지 않아 보인다. 장난감은 게임과 달리 무의미한 놀이라든지, 놀이는 목표가 없고 게임은 목표가 있다든지, 역할 놀이는 놀이일 뿐 게임이 아니라는 등의 이야기는 수없이 나왔다.

게임 디자이너에게는 이런 구분이 유용한 지침이므로 쓸모가 있을지 모른다. 하지만, 이는 근본적으로 모두 같은 것이다. 아마도 이 때문에 언어로 '놀이', '게임', '스포츠'를 명확하게 구분하지 못할지도 모른다. 목표 지향적인 게임을 플레이하는 것은 특정 패턴을 인식하는 과정이고, 역할 놀이는 또 다른 패턴을 인식하는 것이다. 둘 다 '인간의 경험을 상징화해서 표현함으로써 패턴의 형태를 연습하고 학습할 수 있게 하는 것'이라는 같은 영역에 속한다.

책과 게임의 핵심적인 차이를 생각해보자. 책은 뇌의 이성적이고 의식적인 부분을 잘 사용한다. 정말 좋은 독자는 의식적인 부분에서 정보를 빨아들여 무의식적인 직관의 영역으로 보낼 수 있는 능력이 있다. 그러나 책은 절대로 게임이 하는 것처럼 꿰는 과정을 가속시켜줄 수 없다. 왜냐하면 책을 통해서는 패턴을 연습하거나 조합을 돌려볼 수 없으며,* 피드백을 받지도 못하기 때문이다.

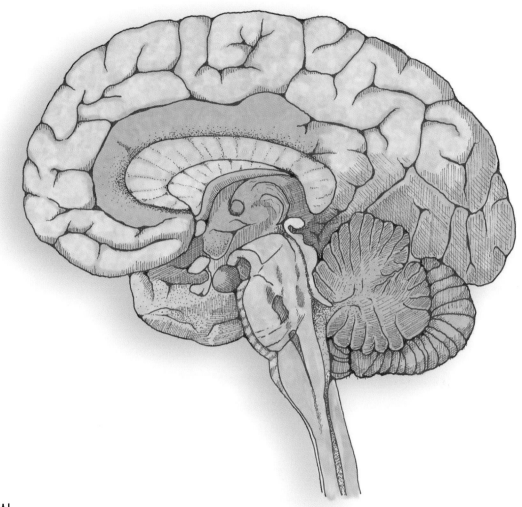

인식

명사

1. 앎의 정신적인 과정

[라틴어 cognitio에서 온 말]

-- 게임은 인식하는 일이며,
패턴 분석을 배우는 과정이다.

언어학자는 언어가 수학적 규칙을 엄격하게 따른다는 사실에 주목해왔다. 예를 들어 인간은 지나치게 많은 의미가 중첩된 문장은 이해하지 못한다.* '개가 쫓던 고양이가 잡던 쥐가 먹던 치즈가 있던 집은 잭이 지은 것이다.' 같은 문장은 이 규칙을 어겼으므로 좋은 문장이라고 할 수 없다. 절이 너무 복잡하게 중첩되어 있다. 우리는 느리고 논리적인 의식을 활용해서 이 퍼즐을 풀 수 있지만, 이는 본능을 거스르는 일이다.

게임도 비슷한 제약 아래 작동한다. 게임에서 가장 큰 제약은 뇌를 연습시키는 게임의 본성 바로 그 자체다. 뇌가 연습하도록 만드는 데 실패한 게임은 지루하다. 이것이 틱택토가 망한 이유다. 틱택토는 뇌를 연습시키지만, 너무나 빈약해서 시간을 많이 들일 필요가 없다. 우리는 더 많은 패턴을 학습할수록 더 참신한 게임에서 매력을 느낀다. 연습하면서 한동안 게임을 신선하게 느끼지만, 대부분 "음, 알았다, 이제 더 연습할 필요가 없겠네"라고 말하고 그만둔다.

계획적으로 디자인된 거의 모든 게임이 이러한 결말의 희생자가 된다. 제한된 형식 시스템이기 때문이다. 계속 플레이하다 보면, 결국 게임이 만들어내는 확률 공간의 가능성을 모두 꿰어버린다. 이런 측면에서 보면 게임은 일회성이며, 지루함은 피할 수 없는 숙명이다.

재미는 '다양하게 해석할 수 있는' 상황에서 온다.* 엄격한 규칙과 상황으로 만들어진 게임은 수학적 분석에 취약하며, 그 자체가 게임의 한계다. 우리는 교통 법규와 자동차 조작법을 숙지하는 것만으로 운전할 수 있다고 생각하지는 않지만, 극단적으로 형식적인 게임(많은 보드게임처럼)은 변수가 상당히 적으며 그렇기에 규칙을 이해하면 게임이 어떻게 진행될지 추정할 수 있다. 이러한 사실은 게임 디자이너에게 중요한 영감을 준다. 더욱 정교하게 게임을 만들수록 한계는 많아진다.* 게임을 더 오래 플레이하도록 만들려면 해를 모르는 수학 문제를 도입하거나 인간심리학, 물리학 등을 활용해 더 많은 변수를 넣어야 한다(그것도 예측하기 어렵게 말이다). 이런 요소는 게임의 규칙 밖에서 발생하고, '마법의 원' 밖에서 온다.

(게임에 위안을 주자면 이 지점에서 게임 이론이 자주 실패하곤 한다. 현실은 이론과 달라서 심리는 수학이 가자는 대로 가지 않기 때문이다.)

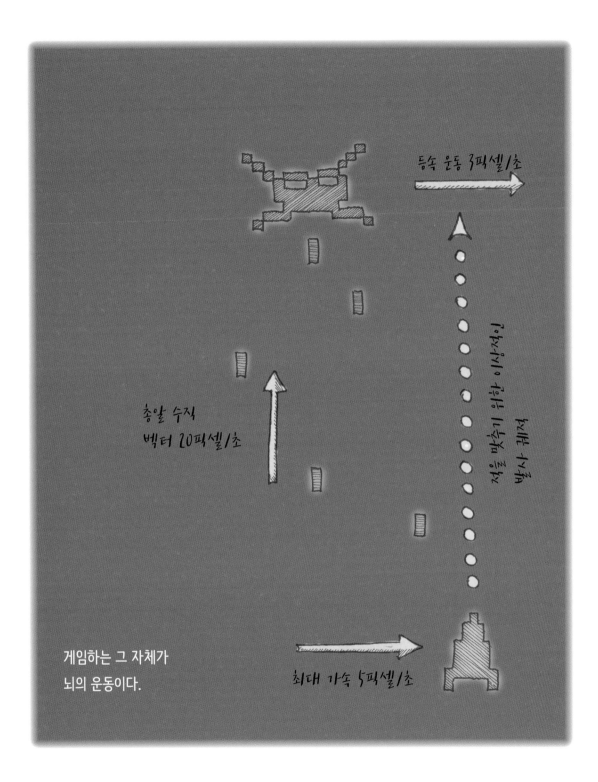

등속 운동 3피셀/초

총알 수직
벡터 20피셀/초

충돌 맞추기 이후의 처리

최대 가속 5피셀/초

게임하는 그 자체가
뇌의 운동이다.

결국, 책 제목으로 다시 돌아와 가장 근본적인 질문을 던져보자. 재미란 무엇인가?

단어의 근원을 파고 들어가 보면 재미(fun)라는 단어는 중세 영어에서 '바보'를 의미하던 'fonne'이나, 게일어에서 '즐거움'을 의미하던 'fonn'에서 왔다. 어느 쪽이든 재미는 '기쁨의 원천'으로 정의된다. 이는 신체적인 자극, 심미적인 만족, 혹은 직접적인 화학 요법에 따라서도 발생할 수 있다.

재미는 우리 뇌가 좋다고 느끼는 것이다. 엔도르핀*을 체 내에 뿜어내면서 말이다. 다양한 감흥을 유발하는 복잡하고 다양한 화합물이 존재한다. 과학이 밝혀낸 바에 따르면, 특히 강렬한 음악이나 정말 뛰어난 책을 접할 때 느끼는 등골을 따라 흐르는 즐거운 오싹함은 코카인, 오르가슴, 초콜릿을 맛볼 때 얻는 화합물과 유사한 종류로 만들어진다고 한다. 기본적으로 우리 뇌는 항상 약에 절어 있다.

화합물이 뿜어져 나와 좋은 기분을 유발하는 상황 중 하나는 무언가를 배우거나 특정한 작업을 완벽하게 익힌 승리의 순간이다. 이 순간은 언제나 미소와 함께 끝난다.* 결국, 학습이 종의 생존에 중요하므로 우리 몸은 그 순간 기쁨이라는 보상을 주는 것이다. 게임에서 재미를 느끼는 과정은 다양하고, 학습 외 다른 것도 나중에 다룰 것이다. 그러나 나는 학습이야말로 가장 중요한 과정이라고 생각한다.

게임의 재미는 게임을 숙달하는 것에서 온다. 숙달은 이해로부터 온다. 퍼즐을 푸는 행위가 게임을 재미있게 만든다.

다시 말해, 게임에서는 학습이야말로 마약이다.*

그러나 패턴을 숙달할 때까지만
플레이할 것이다.

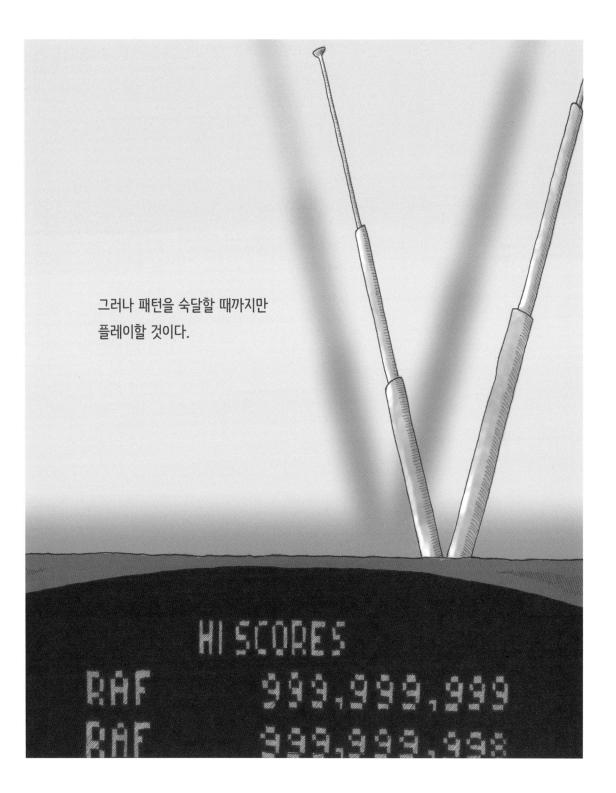

지루함은 학습의 반대말이다. 게임이 우리를 가르치는 것을 멈추면 우리는 지루하다고 느낀다. 지루함은 새로운 정보를 원한다는 뇌의 요청이다. 지루함은 습득할 새로운 패턴이 보이지 않을 때 느끼는 감정이다. 따분해서 페이지가 넘어가지 않는 책은 매력 있는 패턴을 보여주는 데 실패한 것이다. 반복적이거나 싫증이 난 음악에는 이제 자극을 느낄 수 없으므로 지루해진다. 그리고 물론 패턴이 있지만, '알아먹을 수 없어도' 지루해진다.

뇌의 학습 욕구를 과소평가해서는 안 된다. 사람을 감각 차단 탱크에 넣어두면 금세 불행해질 것이다. 뇌는 자극을 갈망한다. 뇌는 언제나 무언가를 배우려 하고, 정보를 세계관에 통합시키려 한다. 뇌는 탐욕스럽게 자극을 찾는다.

그러나 뇌가 새로운 **경험**을 갈망한다는 의미는 아니다. 뇌는 보통 새로운 **데이터**를 갈망한다. 새로운 데이터만이 패턴을 갱신하는 데 필요한 전부다. 새로운 경험은 뇌의 시스템을 강제로 완전히 갱신시키므로 대체로 좋아하지 않는다. 방해되기 때문이다. 뇌는 필요 이상으로 일하는 것을 좋아하지 않는다. 이것이 애초에 청크를 만드는 이유다. 이것이 '감각 단절'에 반대되는 '감각 과잉'*이라는 용어가 있는 이유다.

게임에서 새로운 퍼즐 요소를 끌어내는 데 실패하면 지루해지기 시작한다. 따라서 게임은 부족과 과잉, 지나친 질서와 과도한 무질서, 침묵과 잡음이라는 스킬라와 카리브디스* 사이에서 길을 찾아야 한다.

즉, 플레이어가 게임을 끝내기 전에 지루해지기 쉽다는 뜻이다. 어쨌든 사람은 패턴을 매칭하거나, 패턴에 어울리지 않는 잡음이나 침묵을 무시하는 데 정말로 뛰어나기 때문이다.

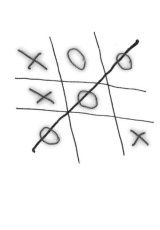

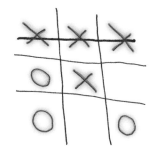

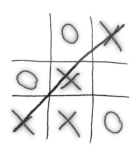

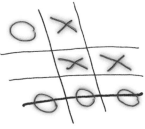

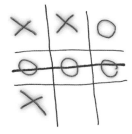

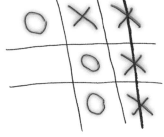

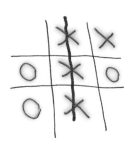

일단 마스터하거나,
더 이상 발전할 수 없다는
것을 깨달으면…,

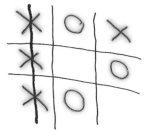

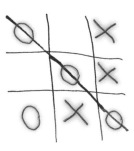

지루함이 게임이 제공하는 즐거운 학습 경험을 공격하고, 꺾어버릴 수 있는 몇 가지 경우는 다음과 같다.

- 플레이어가 시작한 지 5분만에 게임 방식을 꿰어버리면 게임은 시시해지고 버려진다. 마치 어른들이 틱택토를 버리듯이. 이는 플레이어가 게임을 다 풀어냈을 때만 발생하는 상황이 아니다. 플레이어가 충분히 좋은 전략이나 방법론을 알아냈을 수도 있다. 이 경우 플레이어는 '너무 쉬움'이라는 딱지를 붙일 것이다.

- 게임에서 발생하는 상황은 매우 깊이 있지만, 그 복잡함이 플레이어의 흥미를 끌지 못하면 이런 말이 나온다. "그래 야구에는 엄청난 깊이가 있지. 그렇지만 지난 20년간의 타점* 기록을 외워서 어디에 쓸지 모르겠네."

- 플레이어가 게임의 패턴을 파악하는 데 실패해서 귀찮은 노이즈만 남은 경우다. "너무 어려워."

- 게임이 패턴을 너무 자주 바꾸면 플레이어는 패턴을 파악하지 못하고 포기해버린 뒤 패턴을 노이즈처럼 느끼며 "게임이 금세 어려워졌어"라고 말할 것이다.

- 플레이어가 패턴을 모두 숙달한 경우로 재미를 모두 소진한 경우다. "다 깼어."

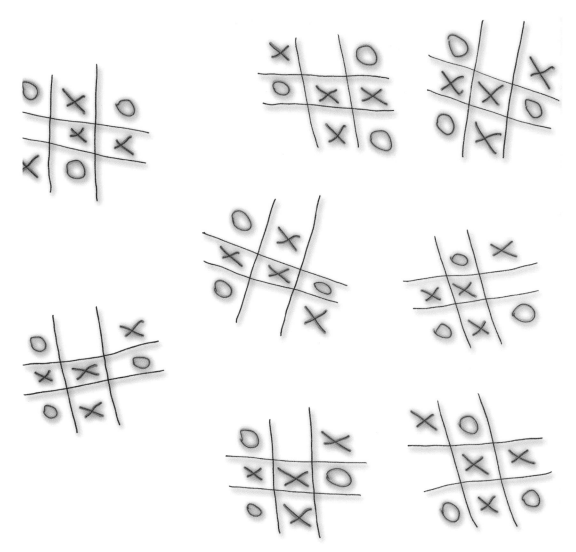

게임은 지루해진다.

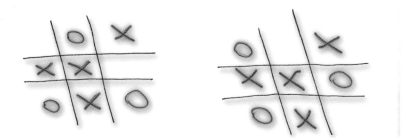

이 중 어떤 상태라도 플레이어는 지루하다고 말할 것이다. 사실 이 중 어떤 경우는 지루함 +짜증, 어떤 경우는 지루함+승리 같은 식이다. 목표가 재미를 유지하는 것이라면(플레이어가 학습하는 것을 유지하는 것이라고 말할 수도 있다) 지루함은 실패했다는 것을 알려주는 신호다.

그렇기에 좋은 게임이란 '플레이어가 플레이를 그만두기 전에 가르쳐야 할 것을 모두 가르쳐주는 것'이다.

결국, 게임은 선생님이다. 재미는 그저 학습의 다른 표현일 뿐이다.* 게임은 게임이 묘사한 현실의 작동 방식을 가르쳐주고, 자신을 이해하는 법, 타인의 행동을 이해하는 법, 상상하는 법을 가르쳐준다.

그러면 왜 그렇게 많은 사람이 학습을 그토록 지루하게 여기는지 궁금해할지도 모르겠다. 그이유는 분명 전달 방식이 잘못되었기 때문일 것이다. 우리는 좋은 선생님을 칭찬할 때 "재미있게 가르친다"라고 말한다. 이런 면에서 게임은 아주 좋은 선생님이다. 문제는 게임이 무엇을 가르치느냐다.

어쨌든 나는 돌아가신 할아버지께 드릴 답을 찾았다. 그리고 그 답은 소방관, 목수, … 그리고 선생님 등의 건실한 직업을 가진 내 친척들에게 말하기도 좋을 것 같다.

기본적으로 모든 게임은 에듀테인먼트다.

• Chapter 4 •
게임이 우리에게 가르쳐주는 것

반드시 정규 교육을 받아야 게임 디자이너가 되는 것은 아니다. 오늘날 전문적인 게임 디자이너 대부분은 독학으로 공부했다. 이러한 추세는 게임 디자이너를 위한 대학 과정이 전 세계적으로 나타나면서 빠르게 바뀌고 있다.*

나는 작가가 되고 싶어서 학교에 진학했다. 나는 글쓰기의 중요성과 소설이 가지는 무한한 힘을 굳게 믿는다. 우리는 이야기를 통해 배운다. 우리는 이야기를 통해 현재의 우리 자신을 만들어왔다.

이야기의 재미에 대한 내 생각은 게임에 대해서도 비슷한 결론을 끌어냈다. 하지만 이야기와 게임은 전혀 다른 방식으로 전혀 다른 내용을 가르친다는 것을 부인할 수 없다. 게임 시스템(게임의 시각 요소와 표현 방식에 반하는 개념으로서)에는 보통 도덕이라는 개념이 없다. 소설에서 말하는 주제 같은 것도 없다.

게임을 교육적 도구로 가장 효과적으로 사용하는 연령층은 젊은 세대다. 나이가 들어서도 계속 게임을 하는 사람들이 분명 있지만(누구 〈피노클〉* 하실 분?), 나이가 들수록 이런 사람들을 예외로 치부하는 경향이 더 강해진다. 물론 컴퓨터 게임이 널리 알려지면서 바뀌고 있기는 하다. 사람들은 게임을 시간 낭비라고 생각한다. 성경의 고린도전서 말씀이라며 "내가 어렸을 때는 말하는 것이 어린아이와 같고, 깨닫는 것이 어린아이와 같고, 생각하는 것이 어린아이와 같다가 장성한 사람이 되어서는 어린아이의 일을 버렸노라"라는 말을 들어왔다.* 하지만 어린아이들은 솔직하게 말한다. 때로는 너무하다 싶을 정도로 말이다. 이러한 어린아이들의 생각이 모자란다고 보기는 어렵다. 단지 경험이 부족한 것이다. 우리는 게임이 철없는 짓이라고 생각하곤 하는데 정말 그런가?

이는 별로 놀랍지 않다.
어쨌든 모든 생물은 어릴 때 게임을 즐기기 때문이다.

내가 아는 한 우리는 '재미있게 논다'라는 생각을 버리지 않는다. 대신 다른 맥락으로 연결시킨다. 예를 들어 많은 사람이 일이 재미있다고 한다(나를 포함해서 말이다). 그리고 그저 친구들과 함께 있는 것만으로도 우리가 그렇게나 원하는 엔도르핀을 팍 터지게 만들 수 있다.

또한, 현실을 추상화한 모형을 만들어 연습하는 것 역시 잊지 않았다. 거울 앞에서 발표 연습을 한다든가, 화재 예방 훈련을 한다든가, 훈련 프로그램을 완료한다든가, 심리 치료 과정에서 역할 놀이를 한다. 우리 주변은 온통 게임으로 가득하다. 다만 우리가 게임이라고 부르지 않을 뿐이다.

나이가 들면서 우리는 세상만사를 좀 더 진지하게 생각하고, 시시한 것에서 벗어나야 한다고 생각한다. 이는 게임에 대한 가치 판단일까 아니면 게임 내용에 대한 가치 판단일까? 화재 예방 훈련이라는 내용이 더 중요하니 재미를 언급하지 말아야 할까?

가장 중요한 것은 화재 예방 훈련이 재미있다면 좀 더 효과적이지 않을까? 게임의 요소(보상 체계, 포인트 등)를 사용하여 사람들이 좀 더 생산적인 활동을 하도록 이끄는 것이 목적인 '게이미피케이션'이라는 디자인 기법이 있다. 그런데 이 기법은 게임의 핵심을 놓치고 있는 것이 아닐까? 게이미피케이션*은 시스템 위에 그저 올라가 있을 뿐 좋은 게임에서 얻을 수 있는 풍부한 해석은 빠져 있다. 보상 체계만으로는 게임이라고 할 수 없다.

나이가 들면서 어떤 게임은 진지하게 변한다.

게임이 본질적으로 현실에 대한 모형이라면 우리가 게임에서 배우는 것도 현실에 투영되어야 한다.

나는 처음에 게임이 현실에 대한 가상 모형이라고 생각했는데, 내가 알고 있는 현실과 전혀 닮지 않았기 때문이다.

하지만 좀 더 깊게 관찰하다 보니 낡디낡은 추상 게임조차도 그 기저에 현실을 반영하고 있었다. 게임은 모두 교점에 대한 것이라고 말했던 친구들의 말이 맞았다. 형식적인 게임 규칙은 기본적으로 수학 개념이기 때문에 최소한의 수학 진리를 반영하는 형태로 만들어진다(대부분 게임에서 형식적인 규칙이 기반이 되지만, 다 그런 건 아니다. 비형식적인 규칙으로 이루어진 게임도 있다.* 하지만 어린아이라면 같이 놀다가 누군가 규칙을 어기면 "반칙이야"라며 울 것이라고 장담할 수 있다.

안타깝게도 수학적인 구조를 반영하는 것만이 게임이 현실을 반영하는 유일한 방법인 경우도 많다.

현실에서 만나는 도전 중에 게임을 함으로써 대비할 수 있는 것들은 대부분 승률 계산에 특화되어 있다. 게임은 앞으로 어떤 일이 벌어질지 예측하는 방법을 가르쳐준다. 엄청나게 많은 게임이 전투의 형태를 흉내 낸다. 겉보기에 건축 게임이어도 실상은 경쟁 구도라는 틀에 박혀 있다.

우리는 기본적으로 계급 구조를 가진 강력한 부족 중심 영장류이기에* 어렸을 때 놀면서 배우는 기초 교육의 상당수가 권력과 지위에 관한 것이라는 건 별로 놀랍지 않다. 당신이 어떤 문화권에 속해 있든 이러한 교육이 여전히 사회 내에서 얼마나 중요한지 생각해보라. 거의 모든 게임이 부족 원숭이가 되는 방법 또는 부족의 우두머리가 되는 방법을 가르친다.

'그냥 게임일 뿐이잖아'라는 문구는 게임을 플레이하는 것이
현실의 도전에 대비하는 일종의 연습임을 시사한다.

또한, 게임은 우리 주변의 환경과 공간을 어떻게 조사*해야 하는지도 가르친다. 여러 가지 모양의 도형을 맞추는 게임부터 눈에 보이지 않는 영역 간 권력 투영선을 파악하는 방법을 배우는 게임까지 게임은 영역을 가르치기 위해 상당한 노력을 기울인다. 이는 틱택토가 본질적으로 말하고자 하는 바이기도 하다.

공간 관계는 우리에게 특히 중요하다. 어떤 동물은 지구의 자기장을 활용하여 길을 찾을 수 있지만, 우리에게는 이런 능력이 없다. 반면에, 우리는 지도를 사용하며 공간뿐만 아니라 더 다양한 것들의 지도를 만들어 활용한다. 우리가 유목민이었다면 지도의 기호를 이해하고, 거리를 계산하고 위험을 계산하며 돈이 얼마나 남았는지 기억하는 것은 매우 중요한 생존 기술이었을 것이다. 또한, 많은 게임이 공간 추론 요소를 포함한다. 공간이란, 축구장에서 볼 수 있는 형태의 데카르트 좌표계*일 수도 있으며, '레이싱' 보드게임 같이 유향 그래프*일 수도 있다. 수학자들은 테니스 코트에서 두 가지가 모두 공존*할 수 있다고 지적하기도 한다. 공간에 있는 내용물을 분류하고, 수집하며, 힘을 행사하는 것은 모든 게임플레이에서 배울 수 있는 기본적인 가르침이다.

공간을 조사하는 것은 도구 제작자라는 우리의 본성에도 부합한다. 우리는 사물을 어떻게 맞추는지 배운다.* 이를 추상화하기도 한다. 사물이 서로 물리적으로 맞는지에 대한 게임뿐만 아니라 개념적으로 맞는지에 대한 게임도 플레이한다.* 우리는 온도도 지도로 만든다. 사회적 관계도 지도로 만든다(사실은 꼭짓점과 변으로 구성된 그림이다). 시간에 따라 변화하는 것도 지도로 만든다. 분류나 분류 체계에 관한 게임*을 플레이하면서 우리는 대상들의 관계를 머릿속에서 지도로 만든다. 만든 지도를 통해 대상들의 행동을 추측할 수 있다.

어떤 게임은 공간 관계를 가르친다.

개념적 공간을 탐험하는 것은 인생의 성공에 중요하게 작용한다. 단순히 공간을 이해하고, 규칙이 어떻게 작동하는지를 아는 것만으로는 충분하지 않다. 공간에 힘을 가했을 때 공간이 어떻게 반응하여 변하는지까지 이해해야 한다. 이것이 게임이 시간에 따라 진행되는 이유다. 한 턴에 끝나는 게임은 거의 찾아보기 어렵다.*

육면체 주사위를 사용하는 확률 게임을 생각해보자. 여기 1부터 6까지 값을 가진 확률 공간이 있다. 만약 주사위를 굴려 대결하는 게임이라면 매우 빨리 끝날 것이다. 또한, 결과를 통제할 수 없다고 느낄 것이다. 이런 대결은 게임이라고 불러서는 안 된다고 생각할 수도 있다. 이 게임은 분명 한 턴에 끝나는 게임처럼 보인다.

하지만 나는 이러한 도박 게임이 실제로는 우리에게 확률을 가르치기 위해 만들어졌다고 주장하려 한다. 보통 도박 게임은 한 턴만 플레이하지는 않으며, 매 턴마다 승률을 이해하려고 노력한다(불행하게도 교훈을 제대로 배우지 못한 경우가 많다. 특히 돈을 걸고 도박할 때는 말이다*). 우리는 실험을 통해 뇌가 확률을 제대로 이해하는 게 얼마나 어려운 일인지 알고 있다.

확률 공간을 탐험하는 것만이 확률을 배울 수 있는 유일한 방법이다. 대부분 게임이 계속 발전하는 공간을 반복해서 제시하여 그 안의 상징을 반복해서 탐험할 수 있게 해준다. 오늘날 비디오 게임은 복잡한 공간을 탐색할 수 있는 도구를 제공하며, 공간을 하나 완료하면 또 다른 공간을, 계속해서 다른 공간, 다른 공간을 제시해줄 것이다.

이러한 탐험에 있어서 매우 중요한 부분 중 하나는 기억이다. 수없이 많은 게임은 매우 길고 복잡한 정보의 연계를 기억하고 관리하게 한다(블랙잭*에서 카드를 카운팅하는 경우나, 도미노*를 경쟁적으로 플레이하는 경우를 생각해보라). 많은 게임이 승리 조건 중 하나로 확률 공간을 완전하게 탐험할 것을 요구하곤 한다.

어떤 게임은 탐험을 가르친다.

마지막으로 대부분 게임은 권력에 관한 요소를 다룬다. 심지어는 어린 시절의 천진한 게임조차도 깊숙한 곳에는 폭력이 숨어 있는 경우가 많다. '소꿉놀이'는 사회적 지위를 갈구하는 게임이다. 아이들이 다른 아이들을 다룰 수 있는 권한을 가지며(또는 지배를 받으며) 이로 인해 많은 지위가 발생한다. 아이들은 부모가 자신에게 행하는 권한을 연기하며 논다(어린 소녀들이 다정하고 밝게 소꿉놀이를 하는 이상적인 그림도 있으나, 세상에는 좀 더 잔인하게 사회적 지위 향상을 위해 경쟁하는 소녀*들의 모임도 꽤 있다).

최근에 주목받기 시작한 게임을 생각해보자. 슈팅 게임*, 격투 게임*, 전쟁 게임 같은 것들 말이다. 이 게임들은 권력에 대한 사랑을 숨기지 않는다. 이 게임들과 술래잡기를 비교해보면 플레이어가 신경 써야 하는 요소는 크게 다르지 않다. 모두 민첩하게 반응하고, 전술적으로 생각하고, 상대방의 약점을 잘 파악하며, 언제 잡아야 할지 잘 결정해야 한다. 기타를 연주했던 경험이 기초적인 기타 지판 집기를 넘어서 만돌린을 연주할 수 있게 해주었던 것처럼, 저 게임들은 다른 사람과 협력해야 하는 상황에서 필요한 여러 기술을 가르쳐준다.

우리는 특정 게임의 두드러진 특징에만 집중하고 잘 보이지 않는 요소들은 간과하는 경우가 많다. 술래잡기나 〈카운터스트라이크〉*에서의 핵심적인 가르침은 조준보다 팀워크가 중요하다는 것이다. 사실 가상 공간에서 총을 쏘는 연습*은 실제 사격을 배우는 데는 아무 쓸모가 없다.

생각해보자: 팀워크는 정확한 사격보다 더 치명적인 도구다.

어떤 게임은 정확하게 조준하는 법을 가르친다.

많은 게임, 특히 전통적인 올림픽 스포츠로 진화된 게임을 추적해보면 원시 인류가 매우 힘든 상황에서 생존하는 데 필요했던 기술과 직접 연결되어 있다. 우리가 즐겼던 많은 게임이 사실 우리를 더 훌륭한 원시인으로 훈련시켜준 것이다. 우리는 한물 간 기술을 배우고 있다. 오늘날의 사람들은 먹을 것을 구하기 위해 화살을 쏠 필요가 없다. 그리고 마라톤이나 장거리 달리기를 하는 이유도 대부분 기부금을 모으기 위해서다.

많은 게임이 쓸모없게 되면서 더 이상 플레이되지 않는다. 제2차 세계대전 때는 보급품을 배급하는 게임*이 있었다고 한다.

그런데도 우리는 삶에 필요한 기술을 갈고 닦는 데서 재미를 느낀다. 비록 뇌 깊숙이 있는 원시적인 부분이 여전히 사격이나 보초 서기를 연습하고자 하더라도, 우리는 좀 더 현대인의 삶에 맞도록 게임을 개량해왔다.

술래잡기에서 소꿉놀이까지,
놀이는 진화적 우위를
가질 수 있게 하는
기술을 훈련하도록 해준다.

예를 들어 내가 수집한 게임 중 많은 게임이 대규모 네트워크 구축과 관련되어 있다. 철도망 건설이나 송수로관 건설 등은 원시인의 활동과는 일치하지 않는다. 인간이 진화하면서 게임도 변해왔다. 〈체스〉의 초기 버전에서 퀸은 오늘날처럼 강력하지 않았다고 한다.*

오늘날 산업화된 사회와 달리 과거에는 농사가 개인의 삶에서 아주 큰 부분을 차지했다. 〈만칼라〉* 계열의 고전 게임에서 플레이어는 '씨를 심고', '부족' 간에 돌아가며 게임을 한다. 어떤 만칼라 버전은 상대방에게 씨앗이 하나도 남지 않은 상황을 용납하지 않는다.

한동안은 농사와 관련된 새로운 게임을 만나지 못했다. 아마도 과거에 매일 하던 농사라는 활동을 모형으로 만들 필요가 없기 때문이었을 것이다. 농사 게임이 캐주얼 온라인 게임이라는 형태로 돌아왔을 때, 이 게임은 서로 도우며 농작물을 심는 것이 아니라 사업을 운영하는 게임이었다. 오늘날의 농사 게임*은 실제로 농작물을 키우는 데는 전혀 도움이 되지 못할 것이다.

일반 사람들도 덧셈을 할 수 있게 된 이후 역사의 발전과 함께 게임에 필요한 수학의 난이도도 급격하게 높아졌다. 단어 게임은 한때 엘리트의 전유물이었으나, 오늘날에는 대중이 즐긴다.

게임은 진화하고 있으나, 우리가 생각하는 만큼 빠르게 변하지는 않는다. 비록 일부 게임이 전혀 다른 스킬을 포함하고 있지만, 대부분 게임은 여전히 거의 같은 활동을 공통 핵심 요소로 가지고 있다. 자원 배분, 권력 투영, 영지 관리 같은 활동 말이다.

일부 기술은 현대 생활에도 유용하지만, 어떤 기술은 그렇지 못하다.

어떤 면에서 게임은 음악과 비교된다(음악은 심지어 수학을 더 많이 사용한다). 음악은 여러 가지를 전달하는 데 능하며, 그중에서도 감정을 전달하는 데 탁월하다. 하지만 음악을 전달 매체로 보면 감정 이외의 나머지를 전달하는 데는 한계가 있다. 게임도 잘하는 것이 있다. 게임은 동작을 나타내는 동사, 즉 통제하기, 예상하기, 포위하기, 연결하기, 기억하기, 셈하기 등을 잘 전달한다. 또한, 게임은 정량화에도 매우 능하다.

반면에, 문학은 음악과 게임 모두와 맞붙을 수 있으며, 그 이상도 할 수 있다. 시간이 흐르며 언어 기반 매체는 점점 더 넓은 주제를 다루게 되었다. 게임 시스템은 단지 문학보다 더 한계가 많은 것일까? 마치 음악처럼?

순수한 시스템은 아마 문학이 다룰 수 있는 콘텐츠의 넓이를 전달할 수 없을 것이다. 앞에서 말했듯이 게임은 많은 사람이 생각하는 것보다 더 복잡하고 풍부한 상황을 모형으로 만들 수 있다. 〈디플로머시〉* 같은 게임은 엄청나게 미묘한 상호 관계를 한정된 규칙으로 모형화할 수 있다는 증거다. 전통적인 역할 놀이*도 적절한 사람의 손에 주어진다면 문학과 같은 수준에 다다를 수 있다. 그러나 게임에 있어 이것은 힘든 싸움이다. 간단히 말해, 게임의 본질은 우리에게 생존 기술을 가르치는 것이기 때문이다. 모두 알다시피 최저 생계비와 생존을 고민할 때는 좀 더 고급스러운 것들을 옆으로 치워두게 마련이다.

물론 게임은 '복합적인' 매체이며, 게임 시스템과 더불어 이야기, 그림, 음악을 모두 담을 수 있다. 그리고 이런 관점에서 게임은 표현 범위가 엄청나게 넓고, 아직 누구도 달성하지 못한 잠재 역량을 담고 있다.

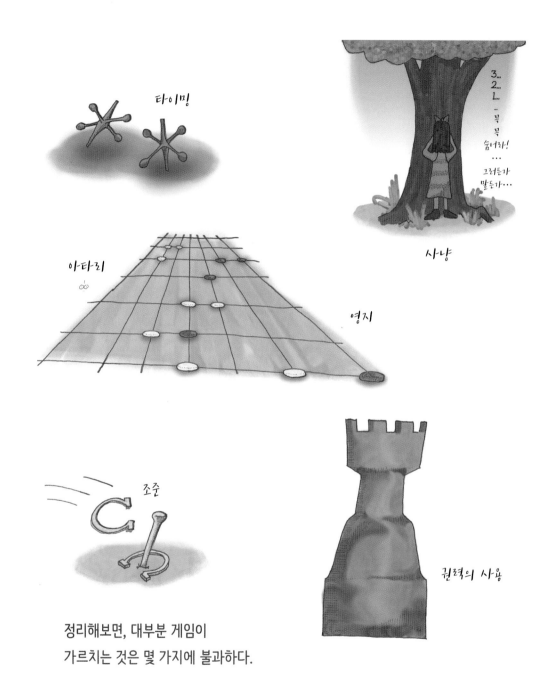

타이밍

사냥

3...
2...
1...
= 꼭
꼭
숨어라!
...
그러든가
말든가...

아타리

∞

영지

조준

권력의 사용

정리해보면, 대부분 게임이
가르치는 것은 몇 가지에 불과하다.

오늘날 필요한 기술이 무엇인지 자문해보는 것은 의미 있는 일이다. 게임은 그런 기술을 가르쳐줄 수 있도록 발전해야 한다.

아이들을 위한 게임은 종류가 꽤 제한적이며, 이는 시간이 흘러도 크게 변하지 않았다. 아이들에게 필요한 기초 기술은 대체로 비슷하다. 터치스크린을 사용하는 방법에 대한 게임이 몇 가지 더 필요할지 모르겠지만, 아마 그 정도일 것이다. 반면에, 성인이 좀 더 적절한 기술을 배우려면 새로운 게임을 사용해야 한다. 우리 대부분은 더 이상 식량을 얻기 위해 사냥하지 않으며, 삶의 순간마다 생존의 위협에 노출되어 있지도 않다. 원시인의 특성 중 일부는 오늘날에도 여전히 훈련하는 게 의미가 있겠으나 여기에도 조정이 필요하다.

어떤 특성은 유효하지만, 조건이 변했기 때문에 변해야 하는 경우도 있다. 예를 들어 사람들이 무엇에 역겨움을 느끼는지에 대한 흥미로운 연구가 있다. 역겨움이라는 건 생존 특성으로 우리가 희끄무레한 녹색, 점액질의 끈적끈적한 것*을 피할 수 있게 알려준다. 왜냐하면 이런 것이 질병을 옮길 가능성이 크기 때문이다.

오늘날 진짜 위협은 밝은 청색 액체일지도 모른다. 절대 하수구용 세제를 마시면 안 된다. 그러나 우리는 이 액체에 본능적인 공포가 없다. 액체에 사용하는 밝은 청색은 병균이 없고 깨끗해 보이기 때문이다. 물론 내가 부엌 싱크대 밑에서 마실 음료를 찾을 리는 없지만, 훈련을 통해 우리의 본능을 강화해야 하는 경우라고 할 수 있다.

그리고
대부분
인류의
진화 초기
단계부터
유용했던
것들이다.

본능적인 행동에서 벗어나 우리의 멋진 신세계를 운영하기 위해서는 몇 가지 새로운 패턴을 배워야 한다. 예를 들어 인류는 무리 지어 사는 생물이다. 우리는 덩치 큰 녀석들이 이끄는 그룹에 쉽게 가담할 뿐만 아니라,* 가담하는 와중에 우리의 판단력도 종종 넘긴다. 게다가 가담하지 않은 집단에 대해서는 본능적인 반감을 품는 것 같다.* 그래서 외모와 행동에서 차이가 나는 다른 종족을 인간 이하라고 아주 쉽게 생각한다.

이러한 특성은 예전에는 생존을 위한 특성이었겠지만, 오늘날에는 아니다. 세상은 더 상호의존적으로 성장했다. 세상의 다른 쪽에서 폭락한 환율이 우리 동네 슈퍼의 우윳값에 영향을 줄 수도 있다. 다른 종족에 대한 이해와 공감 부족, 외국인 혐오는 우리에게 전혀 이득이 되지 않는 방향으로 작용할 것이다.

대부분 게임은 상대방을 '타자화'하여 '우리와는 다른' 사람으로 여기게 하고, 이미 생존 기술로 입증된 무자비함을 상대방에게 사용하도록 가르친다. 하지만 역사적으로 상대방을 초토화하는 승리는 필요하지도 않고, 원하지도 않았다. 비록 점령한 도시의 땅에 소금을 뿌려 아무것도 자라지 못하게 했다는 전설이 있긴 하지만 말이다.* 이런 것 대신 현대 사회가 어떻게 돌아가는지에 대한 좀 더 뛰어난 통찰력을 제공할 수 있는 게임을 만들 수 있지 않을까?

이제는 쓸모없는 과거의 유산이 되었음에도 최근 게임 디자인에서 여전히 강화되고 있는 인류의 특성이 있다. 이러한 특성을 몇 가지 찾아보면 다음과 같다.

- **리더와 종교에 대한 무조건적인 복종:** 우리는 단순히 '규칙이기 때문에'* 기꺼이 주어진 일을 한다.

- **엄격한 위계 제도와 이분법적인 사고:** 게임은 간략화된 정량 모형이기 때문에 일반적으로 계급, 직업, 신분, 그 밖에 가변적인 개념들을 고착화한다.

- **문제를 해결하기 위해 폭력 사용하기:** 우리는 상대방과 체스를 두면서 협상할 방법을 찾을 수 없다.

- **동족 선호와 그 반대인 외국인 혐오:** 인간은 수많은 롤플레잉 게임에서 끊임없이 오크를 학살한다.

게임을 몇 가지 기본적인 패턴으로 졸여내지 못한다는 건
그리 놀라운 일이 아니다.

결국, 원시인인 우리는 엄청나게 다양한 환경에서 음식과
위험을 구분할 능력을 보유해야 한다.

좋든 싫든 간에 게임은 한정된 같은 주제 안에서 다양한 변화를 시도해왔다. 아마도 원시적인 뇌 깊숙이 어딘가에 점핑 퍼즐*로 큰 만족감을 느끼는 부위가 있는지 우리는 가능한 모든 방법으로 모든 것을 점프로 뛰어넘었다.

내가 처음 게임을 시작했을 때는 모든 게임 레벨 환경이 타일 기반*이었다. 무슨 뜻이냐면 정사각형 타일로 배열된 곳들 사이로 이동한다는 뜻이다. 마치 타일 바닥에서 타일과 타일 사이를 뛰어다니는 것처럼 말이다. 최근 게임에서는 좀 더 자유로운 방식으로 움직이게 되었지만, 시뮬레이션의 충실도만 바뀌고 시뮬레이션 대상은 그대로다. 게임이 요구하는 기술도 실제 기술과 더 가까워졌겠지만, 악어로 가득 찬 연못을 건너는 시뮬레이션을 개선한다고 해서 게임이 가르치는 것이 진정으로 발전했다고 보기는 어렵다.

도형의 형상, 그 형상이 변해도 근본 요소는 유지되는 방법을 연구하는 수학 분야를 **위상기하학**(topology)*이라고 한다. 게임을 위상기하학의 관점으로 바라보는 것도 도움이 될 것이다.

초기 플랫폼 비디오 게임*은 몇 가지 기본적인 게임플레이 패러다임을 따랐다.

- **'반대편으로 이동한다' 게임**: 〈프로거〉*, 〈동키콩〉*, 〈캥거루〉*. 이 게임들은 거의 차이가 없다. 어떤 게임은 시간제한이 있고, 어떤 게임은 없는 정도다.
- **'모든 장소를 다 돌아보자' 게임**: 아마도 초기 플래포머 게임 중 이러한 유형으로 가장 잘 알려진 게임은 〈마이너 2049er〉*이다. 〈팩맨〉이나 〈큐버트〉* 역시 같은 메카닉을 사용했다. 이 게임 중 어려운 게임이라면 아마도 〈로드 러너〉와 〈애플 패닉〉* 등이 있을 것이다. 플레이어가 지도를 어느 정도 변경할 수 있었으므로 지도를 탐험하는 일이 굉장히 복잡했다.

게임은 두 가지 형태를 섞고, 스크롤 기능도 추가했다. 나중에는 선형으로 구성된 3차원 게임*을 만들고, 결국 〈마리오64〉에서 진짜 3차원*으로 뛰어들었다.

사실 대부분 게임은 주제를 하나 선택한 뒤
이것을 여러 가지로 변주한다.

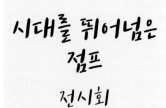

시대를 뛰어넘은
점프
전시회

후원: 국제 악어 발전 위원회

사방치기

줄넘기

허들

2차원 플래포머

3차원 플래포머

최근 플래포머 게임은 이런 요소를 모두 사용한다.

- '반대편으로 이동한다'는 여전히 기본적인 패러다임이다.

- '모든 장소를 다 돌아보자'는 '비밀'* 시스템으로 처리된다.

- 시간제한은 또 다른 차원의 도전을 추가한다.

오리지널 〈동키콩〉에서 플레이어는 해머를 집어 들고* 무기로 사용할 수 있었다. 게임 디자인에서 가장 많이 나타나는 개선 방법은 디자이너가 새로운 요소를 추가하기보다 기존에 있던 요소를 더 늘리는 것이다. 그래서 최근 게임에는 뭘 골라야 할지 모를 정도로 많은 무기가 등장한다.

플래포머 게임은 이제 모든 차원을 다룬다. 플래포머는 격투와 슈팅 게임뿐만 아니라 레이싱 게임이나 비행 게임의 요소까지 끌어오기 시작했다. 숨겨진 요소의 발견, 시간제약과 파워업은 이제 기본 요소다. 최근 게임은 좀 더 탄탄한 이야기 구조와 롤플레잉 게임 요소까지도 사용한다. 더 확장할 다른 차원이 남아 있긴 한가?

〈퐁〉에서 최신 테니스 게임까지는 그리 큰 도약이 아니다. 다른 게임을 모형화하는 게임을 만들다니 너무 희한하지 않은가? 컴퓨터 테니스 게임에서 우리가 테니스라는 스포츠에 대해 배울 수 있는 것이라고는 테니스 코트에서 꼭 하얀색 옷만 입고 뛸 필요는 없다는 것이다(다양한 옷과 액세서리로 치장할 수 있다). 더 많은 게임이 돌 던지기나 탄도 궤적을 추정하는 방법을 가르치기보다 지구 온난화에 대해 기후변화협약을 체결하거나, 또는 체결하지 않을 때 원유 가격이 상승할지 아닐지* 같은 것을 가르쳤으면 좋겠다.

굉장히 암울하게 들리겠지만, 사실 그렇지 않다. 회의실 탁자에서 필요한 기술과 부족장 회의에서 필요한 기술은 결국 크게 다르지 않다. 농업, 자원 관리, 계획 수립 및 협상에 관련된 게임은 거의 모든 장르에 걸쳐 찾을 수 있다. 우리는 이렇게 더 똑똑한 기술을 가르치는 세련된 게임일수록 시장 점유율이 낮은 반면, 한물 간 기술을 가르치는 게임이 인기가 높은 이유가 무엇인지 생각해봐야 한다.

주제에 따라 음악에 변화를 주는 것처럼,
다양한 상황에서 패턴을 인지하는 기본적인 연습이다.

그 이유는 아마도 본능적인 호소와 많은 부분 연결되어 있을 것이다. 기억하는가? 우리 삶의 대부분은 무의식중에 이루어진다. 액션 게임은 우리를 무의식의 삶에 머무르게 하지만, 세심한 실행 계획을 짜야 하는 게임은 논리적이고 의식적으로 생각하게 한다. 즉, 솔직히 말해 우리는 더 쉬우므로 오래되고 때로는 상관없는 도전들의 변주를 즐기는 것이다.

우리는 본능적인 도전에 맞서 민감도를 정교하게 진화시켜왔다. 게임의 점프에 관한 연구 결과를 보면 '조작감이 좋은' 게임들은 한 가지 중요한 특성을 공유한다.* 사람들이 점프 버튼을 눌렀을 때 화면의 캐릭터는 공중에서 거의 비슷한 시간을 머물렀다. '조작감이 안 좋은' 게임은 이러한 불문율을 위반했다. 만약 좀 더 조사를 해보면 점프가 좋은 게임들은 이러한 암묵적인 규칙이 있다는 사실도 모른 채, 과학적 근거도 없이 불문율을 지켜왔으리라 확신한다.

우리의 무의식이 원하는 방향으로 작업해온 사례는 이것만이 아니다. 예를 들어 액션 게임에서 매우 일반적인 특징 중 하나는 플레이어가 주어진 일을 더 빠르게 하도록 밀어붙이는 것이다. 이는 순수하게 본능적인 반응과 자율신경계를 사용하도록 만든다. 우리는 육체적인 기술을 배울 때 처음에는 천천히 하다가 그 행동을 마스터할 때까지 조금씩 속도를 올려야 한다고 배웠다. 정확하지 않고 속도만 빠른 건 전혀 유용하지 않기 때문이다. 먼저 천천히 정확성을 연습하고, 무의식적으로 처리할 수 있게 되면 그 이후에 속도를 올린다.

바로 이런 이유 때문에 전략 게임에서는 '시간제한'* 모드를 볼 수 없다. 전략 게임의 과제는 자동화된 반응으로 풀 수 있는 것이 아니다. 그러므로 반응 속도 수준으로 과제를 풀도록 훈련한다면 잘못된 것이다(오히려 좋은 전략 게임은 상황에 익숙해지지 말고, 늘 발밑을 조심하도록 가르칠 것이다).

이 모든 접근 방법은 반복 암기 교육을 위한 것이다. 내가 어렸을 때 〈레이저 블라스트〉*라는 아타리2600* 콘솔용 게임이 있었다. 나는 눈을 감고도 최고 난이도에서 백만 점을 얻는 수준까지 이르렀다. 이는 군대에서 받는 훈련, 즉 반복 숙달과 자동 반응이 나오도록 훈련하는 것과 똑같다. 적응하기 쉬운 훈련은 아니지만, 바람직한 경우가 꽤 있다.

때로는
일을 더 빠르게
하라고 주문한다.

좀 더 넓은 범주의 게임에 적용되는 흥미로운 전술 중 하나는 플레이어가 더 철저하기를 요구하는 것이다. 이 전술은 더 널리 쓰이는 생존 기술이다. 침착해야 하고, 발견하는 데서 즐거움을 찾아야 한다. 이는 최종 목표를 향해 직접 행동하려는 우리의 성향과는 반대이기도 하다.

많은 게임이 플레이어에게 '비밀'을 찾거나, 어떤 지역을 완전히 탐험하기를 요구한다. 모든 각도에서 문제를 고려한다든지, 어떤 결정을 내리기 전에 필요한 모든 정보를 가졌는지 확인한다든지, 속도보다는 철저함이 더 나은 경우가 많다든지 등의 흥미로운 것을 가르친다. 반복 암기 훈련을 폄하하려는 건 아니지만, 가르치기에 더 미묘하고 흥미로우며 현대 사회에서도 폭넓게 활용할 수 있는 기술이기도 하다.

게임의 특징은 다음과 같다.

- 게임은 현실에 대한 모형을 주로 매우 추상화된 형태로 보여준다.
- 게임은 일반적으로 수량화된, 심지어는 **계량화된*** 모형이다.
- 게임은 의식의 논리적인 생각과 씨름하기 위해 만들어졌다기보다는 무의식에 흡수될 만한 것을 주로 가르친다.
- 게임은 상당히 원시적인 행동에 관한 것을 주로 가르친다(굳이 그럴 필요가 없는데도 말이다).

이런 관점에서 볼 때 현대 비디오 게임의 진화는 대부분 위상기하학적인 관점에서 설명할 수 있다. 게임 진화 과정의 각 세대는 플레이 공간 모양의 상대적으로 극미한 변화로 설명할 수 있다. 예를 들어 비디오 게임 역사 전체를 통틀어서 격투 게임은 크게 다섯 가지뿐이며,* 의미 있는 발전은 공간의 이동, 3차원에서 이동, 콤보* 혹은 연속기의 추가 정도뿐이다. 게임은 그 밑에 깔린 학습 내용이 아니라 콘텐츠로 인해 다르게 보이는 것이다.

많은 고전 격투 게임이 중요한 발전을 끌어내지 못했다고 말하는 것은 아니다. 하지만 이 게임들이 효과적으로 '도넛에 구멍을 하나 더' 만들어냈을 정도로 획기적인가?

비밀 아이템
15개 중 1개를
찾았습니다.

때로는 좀 더 철저하게 해내기를 요구한다.

2차원 슈팅 게임 또는 다 쏴 죽여(shmup)* 게임의 진화를 살펴보자. 〈스페이스 인베이더〉*는 한 화면에서 적이 예측한 대로 몰려오게 하였다. 그 이후 등장한 〈갤럭시안〉*에서는 방어벽이 사라졌고, 적들이 좀 더 활발하게 공격했다.

간단한 위상적 변화가 뒤따랐다. 〈자이러스〉*와 〈템페스트〉*는 〈갤럭시안〉을 원 모양으로 바꾼 것이었다. 〈고프〉*와 후속작들은 화면 이동을 추가했고, 최종 보스도 있고, 게임이 진행되면서 자연스럽게 스테이지가 변하도록 했다. 〈잭손〉*은 3차원 공간에서 세로로 이동하는 개념을 추가했지만, 슈팅 게임 장르가 발전하면서 빠르게 도태되었다. 〈지네잡기〉*는 바닥에서 벗어나 움직일 수 있는 공간을 추가하였으며 재미있는 설정들을 넣었지만, 이 역시 〈갤럭시안〉이나 〈스페이스 인베이더〉와 큰 차이가 없었다. 〈애스트로이즈〉*는 원형으로 게임 개념이 역전된 형태다. 플레이어가 가운데에 있고, 바깥에서 적들이 쳐들어온다.

〈갤러그〉*는 아마 이 장르에서 가장 영향력 있는 게임일 것이다. 〈갤러그〉는 그 이후 모든 슈팅 게임의 표준이 된 보너스 레벨과 파워업이라는 개념을 추가했다. 〈제비우스〉와 〈뱅가드〉는 교체 가능한 무기(폭탄이나 다른 방향으로 발사)를 추가했다. 〈로보트론〉*과 〈디펜더〉*는 특별한 경우다. 두 게임은 구출이라는 요소를 가지고 있다. 구출이라는 요소는 최근에는 거의 버려진 상태다(슬프게도 말이다. 그래도 〈촙리프터〉*는 여기서 파생된 아주 멋진 게임이다).

맨 처음 파워업과 스크롤링과 스테이지 끝에 나오는 보스*를 모두 넣은 2차원 슈팅 게임이 뭔지 모르겠지만, 이제는 이와 다른 형태의 슈팅 게임을 찾아볼 수 없게 되었다. 이후 슈팅 게임이 침체기에 들어서고 시장 점유율을 잃은 건 당연하다. 우리는 이러한 메커니즘을 아주 오래전에 익혔고, 그 이후에는 모두 너무나도 인위적이거나 어디서 다시 반복될 것 같지 않은 패턴들만 나왔기 때문이다.

다 쏴 죽여 게임의 진화 과정은 혁신 알고리즘의 가능성에 대한 시사점을 준다. **새로운 차원을 찾아 게임플레이에 추가한다.** 우리는 〈테트리스〉* 이후에 퍼즐 게임이 이러한 식으로 진화한 것을 보아왔다. 〈테트리스〉를 육각형으로*, 3차원으로* 변형시켜 보았으며, 결국에는 색깔을 맞추는 패턴 매칭이 대세가 되어 공간 분석을 대체했다. 만약 퍼즐 게임에서 진짜로 혁신을 만들고 싶다면 공간이 아닌 시간을 기반으로 한 퍼즐*을 살펴보는 것은 어떨까?

사실 게임을 디자인할 때
기존 게임에 요소 하나만 바꾸는
경우가 자주 있다.

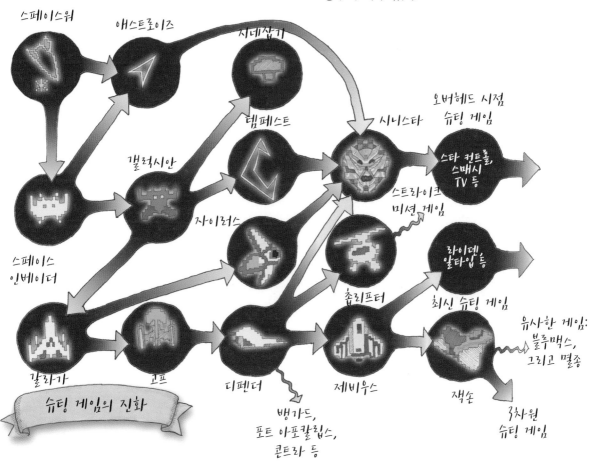

스페이스워

애스트로이즈

시네삽기

템페스트

시니스타

오버헤드 시점
슈팅 게임

스타 컨트롤,
스매시
TV 등

갤럭시안

자이러스

스트라이크
미션 게임

스페이스
인베이더

라이덴
알타입 등

촙리프터

최신 슈팅 게임

유사한 게임:
블루맥스,
그리고 멸종

갈라가

고프

디펜더

제비우스

잭손

3차원
슈팅 게임

슈팅 게임의 진화

뱅가드,
포트 아포칼립스,
콘트라 등

• Chapter 5 •

게임이 아닌 것은 무엇인가?

지금까지 정형화된 게임 디자인과 추상화된 시뮬레이션에 관해 설명했다. 설명할 때 '게임'이라는 용어를 상당히 느슨하게 적용하여 게임 안에 게임 **시스템**을 포함해서 이야기했다. 그러나 게임 안에서 완벽하게 추상화된 시뮬레이션을 찾기란 쉽지 않다. 사람들은 게임 시스템에 허구를 약간 입히려는 경향이 있다. 디자이너는 게임에 그래픽을 입혀서 마치 게임이 현실 세계와 닿아 있는 것처럼 느끼게 한다(역주: 즉, 게임 시스템에 미술 요소를 더해서 의미를 부여한다). 〈체커〉를 예로 들어보자. 개략적으로 보면 〈체커〉는 포위와 강제 행동이 중심인, 다이아몬드형 격자 위에서 진행하는 보드게임이다. 〈체커〉를 하면서 "왕이 됐다!"*라고 외칠 때 우리는 게임에 허구의 요소를 더한다. 갑자기 게임에 봉건 시대의 목소리와 중세 배경이 들어간 것이다. 보통 체커 말에는 왕관이 새겨져 있다.

이는 수학 수업에 다루던 문장제 문제와 유사하다. 여기서 허구를 사용하는 목적은 두 가지다. 하나는 허구 안에 숨어 있는 수학 문제를 파악하도록 훈련시켜준다. 그리고 실제 상황에 숨어 있는 수학 문제를 인식하도록 훈련시켜준다.

게임은 일반적으로 문장제 문제와 유사하다. 날 것 그대로의 추상성만으로 이루어진 게임*은 많지 않다. 거의 〈체스〉나 〈체커〉처럼 약간의 속임수를 쓴다. 이 속임수는 대부분 게임 속에서 벌어지는 일을 비유하는 것이다.

비유가 있으면 플레이하기 즐겁지만, 플레이어는 이런 비유를 무시할 수 있다. 반대편에 도달한 체커 조각 이름이 무엇인지는 수학적으로 보면 의미가 없다. 일반 말을 닭이라고 부르고, 왕관 쓴 말을 늑대라고 불러도 게임은 바뀌지 않는다.

이런 일이 발생하는 이유는 게임에 무언가를 가르치고자 하는 본성이 있기 때문이다. 즉, 게임은 안에 숨어 있는 패턴을 파악하도록 가르치므로 플레이어에게 패턴을 감싸고 있는 허구를 무시하도록 훈련시킨다.

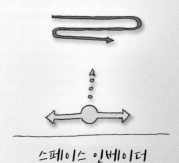

스페이스 인베이더

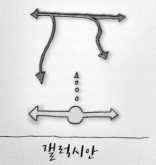

갤럭시안

템페스트

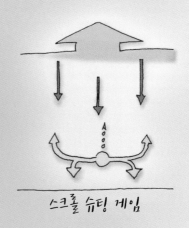

스크롤 슈팅 게임

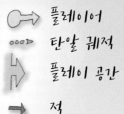
플레이어

탄알 궤적

플레이 공간

적

게임은 플레이어가 다양한
상황 속에서 패턴을
보도록 만든다.
그래서 게이머는 허구를
무시하는 데 능하다.

1976년 엑사이디(Exidy)라는 회사는 비디오 게임 역사에 한 획을 그었다. 이 회사가 만든 게임 〈데스레이스〉*가 게임의 폭력성을 우려한 대중들 때문에 시장에서 회수당했던 것이다. 〈데스레이스〉는 〈데스레이스 2000(죽음의 경주)〉*이라는 영화에 바탕을 둔 게임이었다. 이 게임에서는 차를 몰아 행인을 치면 점수를 얻는다.

메커니즘이라는 관점에서 〈데스레이스〉는 화면에서 움직이는 객체를 잡는 다른 게임과 똑같다. 지금 이 게임을 본다면 엉성한 픽셀 그래픽과 조그마한 사람 아이콘이 그다지 충격적이지 않을 것이다. 게다가 이후에 나온 수많은 피범벅 게임을 생각하면 그저 고대 유물일 뿐이다.

미디어 내 폭력의 적절성 논란이 없어질 리는 없다. 미디어가 우리의 행동에 여러 가지 영향을 미친다*는 근거는 많다. 미디어에 그런 영향력이 없다면 미디어를 교육의 도구로 사용하려고 노력할 이유가 없을 것이다. 그러나 미디어가 마음을 통제하지 못한다는 증거도 많다 (당연히 못한다. 통제할 수 있다면 사람들은 초등학교에서 읽은 어린이 이야기책에서 배운 대로 살지 않겠는가!).

그러나 게이머들은 게임의 폭력성 문제를 언제나 다소 모호한 시선으로 보아왔다. 자신이 사랑하는 게임을 변호할 때는 최악의 자충수를 내뱉곤 한다. "이건 그저 게임일 뿐이라고!"

교내 총기 사건*이 발생하고, 전직 군인들이 일인칭 슈팅 게임을 '살인 시뮬레이터'*라고 부르는 와중에 게이머들의 주장은 그다지 설득력이 없다. 학계에서는 게임이 어린이에게 해롭다는 인식에 반대하는 사람들이 게임의 특권적인 위치와 마법의 원에 대한 논쟁을 근거로 삼곤 한다. 그러나 대중들은 이런 주장을 현실을 모르는 학자들의 의견이라고 일축해버린다.

그러나 게이머들이 게임의 폭력성을 의심하는 데는 그럴싸한 근거가 있다.

이것이 게이머가 게임의 도덕적인 영향에 대해 고려할 가치가 없다고 생각하는 이유다.

게이머는 게임 속 행동을 '성매매 여성을 돈으로 사서 즐긴 후, 차로 치어 죽여서 돈을 되찾는' 일을 했다고 보지 않는다.

게임 시스템은 우리가 게임 속의 수학적 패턴을 찾아내도록 훈련시킨다는 것을 기억하라. 〈데스레이스〉를 2차원 공간에서 목표물을 찾아내는 게임이라고 묘사할 수 있다는 사실이 게임의 '핵심'과 게임을 꾸미는 '외양'이 서로 관계가 없다는 증거다. 게임에 깊이 열중할수록 게임의 외양은 잊어버리고, 게임의 핵심이 무엇인지 살피게 된다. 마치 음악 마니아가 다양한 라틴 음악을 접할 때 가사 부분은 넘기고, 음악 형식이 쿰비아*인지 마리네라*인지 살사인지 알 수 있는 것과 같다.

보행자를 차로 치고, 사람을 죽이고, 테러리스트와 싸우고, 유령으로부터 도망다니면서 노란 점을 먹는 일 모두 그저 무대 장치일 뿐이다. 게임이 실제로 가르치는 것을 나타내는 편리한 비유인 것이다. 〈팩맨〉이 노란 점을 먹고, 유령을 무서워하라고 가르치는 것이 아니듯이 〈데스레이스〉도 보행자를 차로 치고 다니라고 가르치는 것이 아니다.

그렇다고 〈데스레이스〉가 보행자를 깔아뭉개서 작은 묘비 아이콘으로 만드는 게임이라는 사실이 바뀌지는 않는다. 실제로 그런 게임이고, 이 사실은 비난받을 만하다. 게임의 배경이나 무대로 훌륭하다고 할 수는 없지만, 그렇다고 해서 그것이 게임의 핵심 요소인 것도 아니다.

이 차이를 구분하는 것이 게임을 이해하는 데 중요하므로 뒤에서 더 깊이 있게 다루겠다. 지금은 게임에서 형식적인 추상 시스템, 수학적 영역, 청크 영역이 가장 이해받지 못하고 있다는 것을 언급하는 정도면 충분하다. 게임의 다른 측면을 공격하는 것은 게임이 발전하려면 형식적인 요소가 발전해야 한다는 핵심을 놓치는 것이다.

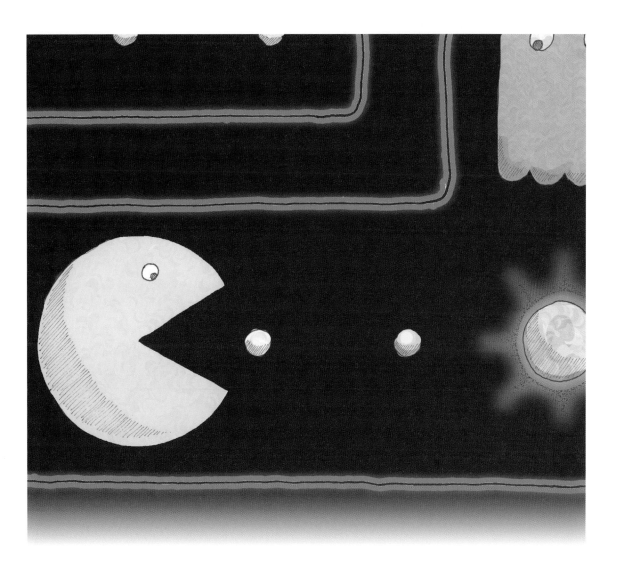

게이머는 파워업을 본다.

이런, 우리가 집중할 부분은 이게 아니다.

요즘 게임을 개발하는 가장 흔한 방법은 이야기를 접목하는 것이다. 그러나 대부분의 비디오 게임 개발자는 (그냥저냥 평범한) 이야기를 하나 구한 다음, 여기저기 게임 요소들을 뿌려둔다. 이를테면 플레이어가 십자말풀이 퍼즐을 풀면 소설의 다음 페이지를 볼 수 있는 식이다. 현재 게임 디자인의 주류 중 하나는 묻지도 따지지도 않고 이야기를 먼저 쓰는 것이다.* 이런 게임은 보통 강력한 감성 경험을 주지만, 상대적으로 게임 메커니즘은 얕다. 이는 결점이 아니다. 숙고를 거쳐 선택한 디자인이다. 그러나 이런 게임 시스템에서 배울 건 그리 많지 않다.

대부분 사람들은 이야기 때문에 게임 시스템을 플레이하지는 않는다. 시스템을 둘러싼 이야기는 대개 뇌를 위한 양념이다. 그 이유는 첫 번째, 실제 작가*가 게임 속 이야기를 쓰는 경우는 많지 않다. 결국, 게임은 일반 고등학교 수준의 문학적 소양을 가지는 경우가 고작이다.

두 번째, 게임은 일반적으로 권력, 통제, 그 밖에 원초적인 것을 다루므로 이야기도 그와 관련되기 쉽다. 즉, 게임 속 이야기는 파워 판타지가 되는 경향이 있다. 그렇기에 유소년용 이야기로 취급되기 십상이다.

많은 비디오 게임에서 이야기의 역할은 특수한 체커 말을 '킹'이라고 부르는 것과 같다. 이야기는 게임에 흥미로운 명암을 더하지만, 게임의 핵심을 바꾸지는 않는다. 플레이어에게 잘하고 있다는 정적 강화를 주는 방법이자 보상으로 이야기 요소를 제거하는 경우도 많다. 작가라는 내 배경을 생각하면 정말 화나는 일이다. 이야기는 이보다 나은 대접을 받을 가치가 있다.

게임의 이야기, 환경, 뒷배경은 두뇌가 진정한 도전을 달성하는 과정에서
제공되는 밑반찬 같은 것이다. 그러나 때로는
그런 요소가 보잘것없는 게임을 살려주기를 기대한다.

그래요, 이건 또 다른 FPS일 뿐이죠.
그렇지만 그 영화 라이선스를
따오기만 하면 분명 대박이⋯.

게임은 이야기가 아니다(비록 플레이어들이 게임에서 이야기를 만들어내기는 하지만)*. 게임과 이야기의 차이를 비교해보는 것도 재미있다.

- 게임은 경험으로 가르친다. 이야기는 대리 체험으로 가르친다.

- 게임의 강점은 객관화다. 이야기의 강점은 감정 이입이다.

- 게임은 계량화, 축소, 분류하는 경향이 있다. 이야기는 모호하고, 심화하고, 은밀하게 구분하는 경향이 있다.

- 게임은 사람의 행동에 관한 것으로 외향적이다. 이야기는(좋은 이야기들만 해당되겠지만) 사람의 감정과 생각에 관한 것으로 내향적이다.

- 게임은 플레이어의 서사를 만들어내는 도구다. 이야기는 서사를 제공한다.

게임과 이야기가 모두 훌륭하다면 그 작품을 반복해서 접해도 계속 새로운 것을 배울 수 있을 것이다. 그러나 우리는 좋은 이야기를 완벽하게 숙달했다고는 말하지 않는다.

이야기가 인류 최고의 학습 도구라는 데 토를 달 사람은 없을 것이다. 그러나 놀이 역시 그러하며, 강의는 고작해야 꽤 뒤에서 따라오는 3등이라고 한다면 토론을 해야 할지도 모른다. 또한, 많은 사람이 게임보다는 이야기가 훨씬 높은 예술적 성취를 이루었다고 생각할 것이다. 놀이가 이야기보다 훨씬 먼저 있었음에도 말이다(심지어 동물도 놀이를 한다. 그러나 이야기는 최소한 언어라는 형태가 필요하다).

이야기가 게임보다 우월한가? 우리는 종종 플레이어가 눈물을 흘리는 게임을 만들고 싶다고 말한다. 텍스트 어드벤처 게임인 〈플래닛폴〉*이라는 고전 게임을 예로 들어보자. 이 게임에서 로봇 플로이드는 플레이어를 위해 희생한다. 그러나 이는 플레이어의 통제 밖에서 일어나므로 극복해야 하는 도전이 아니다. 이것은 게임에 다른 요소를 접붙인 것에 불과할 뿐, 게임의 일부가 아니다. 게임 중 최고로 감동한 순간이 사실은 게임 시스템을 활용한 것이 아니라, 속임수로 이루어진 경우가 대부분이라는 것이 시사하는 바는 무엇일까?

게임은 숙달과 관계된 감정을 표현하는 데 더 강하다. 물론 이야기도 그런 감정을 줄 수 있다. 이런 감성적 효과를 게임에서 제거하려는 것은 잘못된 접근일 수 있다. 아마도 더 좋은 질문은 이야기가 게임과 같은 방식으로 재미를 줄 수 있느냐일 것이다.

이야기는 장점이 분명한 강력한 학습 도구지만,
게임은 이야기가 아니다.

즐거움에 관해 이야기할 때, 우리는 사실 여러 가지 감정을 모아서 이야기한다. 훌륭한 저녁 식사를 하는 것도 재미있을 수 있다. 롤러코스터를 타는 것은 물론 재미있다. 새 옷을 입어보는 것도, 탁구에서 이기는 것도, 학교에서 정말 싫어하던 놈이 넘어져서 진흙탕에 빠지는 것을 보는 것도 재미있을 수 있다. 그러나 이런 것을 모두 '재미'로 몰아넣는 것은 용어를 대단히 모호하게 사용하는 것이다.

사람들은 즐거움을 다양한 방식으로 분류한다. 게임 디자이너 마크 르블랑*은 재미를 여덟 가지, 즉 감각, 환상, 드라마, 장애물, 사회 구조, 발견, 자아 발견, 자아 발현, 항복으로 분류했다. 감정과 표정을 연구하는 폴 에크만*은 정말 다양한 수십 가지 감정을 찾아냈다. 이 중 많은 감정이 특정 언어에만 있고 다른 언어에는 없다는 사실이 흥미롭다. 니콜 라자로*는 게임을 플레이하는 사람을 관찰하면서 연구를 수행했고, 그 결과 플레이어의 표정으로 나타나는 감정을 네 가지, 즉 어려운 재미, 쉬운 재미, 상태 변화, 사람 요소로 분류했다(역주: '상태 변화'는 게임에 성공하고 실력이 늘 때 느끼는 재미, '사람 요소'는 다른 사람과 함께 게임을 하며 느끼는 재미를 가리킨다).

즐거움에 대한 내 개인적인 분류는 라자로의 분류와 매우 비슷하다.

- **재미**는 머릿속에서 문제를 숙달하는 행위다.
- **미적 만족감**은 언제나 재미있지는 않지만, 분명 즐겁다.
- **본능적 반응**은 일반적으로 본능적인 신체 반응이며, 문제를 해결하는 신체적 숙련도와 관계가 있다.
- **다양한 사회적 지위 신호**는 우리의 자아상과 공동체에서의 위상에 내재되어 있다.

이 모든 것을 성공적으로 해냈을 때 우리는 기분이 좋아진다. 그러나 모두 '재미'로 뭉뚱그리면 말하는 의미가 없어진다. 그러므로 나는 이 책에서 '재미'를 이야기할 때 첫 번째 의미, 즉 정신적으로 문제를 숙달해내는 것으로만 사용했다. 때로는 숙달해낸 문제가 미적, 육체적, 사회적인 영역일 수 있으며, 이러한 영역에서 재미가 나타날 수도 있다. 모두 우리 두뇌가 생존 전략을 성공적으로 연습하기 위한 피드백 메커니즘이기 때문이다.

물론 패턴을 배우는 것만이 유일한 즐거움은 아니다.
예를 들어 인간은 영장류답게 지배 게임을 좋아한다.
또한, 사회적 지위를 다투는 것도 도전이라고
주장할 수 있다.

샤덴프로이데

하하!

(초고수 프로게이머)

(말단 아마추어 게이머)

육체적 도전 그 자체는 재미있지 않다. 하지만 자신의 기록을 깼을 때는 승리의 기분을 맛볼 수 있다. 육체적 도전을 자신의 몸에 대한 게임처럼 접근할 수 있다. 장거리 달리기나 바벨 들어 올리기는 큰 만족을 주지만, 이런 격렬한 운동으로 얻어지는 쾌감이 팀워크로 대결하는 축구 경기에서 이겼을 때 느끼는 쾌감과는 또 다르다.*

마찬가지로 자동 반응도 그 자체는 재미있지 않다. 이미 개발한 능력이기 때문에 뇌는 정신적인 도전의 맥락에 있을 때만 이에 대한 보상을 준다. 타이핑 자체로는 쾌감을 얻지 못하지만, 쓸 말을 생각하면서 타자를 하거나 타자 게임을 하며 타자를 할 때는 쾌감을 느낀다.

사회적 상호작용도 대체로 즐겁다. 사회적 지위를 유지하기 위해 모든 인간이 수행하는 끝없는 책략은 하나의 인지 훈련이라 할 수 있으며, 그렇기에 본질적으로 게임이다. 사람들 사이의 상호작용에는 다양한 긍정적인 감정이 있다. 그중 대부분은 사회적 지위에서 누군가를 끌어내리거나, 자신을 높였을 때 나오는 신호다. 주목할 만한 것은 다음과 같다.

* **샤덴프로이데(Shadenfreude, 고소함)*** 라이벌이 무언가에 실패했을 때 느끼는 고소한 기분. 본질적으로 남을 끌어내리는 것이다.

* **피에로(fiero, 우쭐함)** 훌륭한 과업을 달성했을 때 나타나는 승리의 표정(주먹을 하늘로 치켜드는 행위 등). 다른 사람에게 나의 가치를 알리는 신호다.

* **나체스(naches, 흐뭇함)** 내가 지도한 사람이 성공했을 때 느끼는 감정. 종족 지속성을 만들어주는 확실한 피드백 메커니즘이다.

* **크벨(kvell, 뿌듯함)** 내가 지도한 사람을 다른 사람에게 자랑할 때 느끼는 감정. 역시 다른 사람에게 나의 가치를 알리는 신호다.

* **사회적 행동(social behaviors),** 친밀함을 나타내는 신호로 주변과 관계된 사회적 지위*를 나타내는 경우가 많다. 예를 들면 타인에게 음식을 대접하는 것처럼 사회에서 중요한 사교적 신호로 여겨지는 행동을 말한다.

이러한 감정은 모두 기분을 좋게 만들지만, 반드시 '재미'있는 것은 아니다.

우리는 여러 가지 강렬한 경험을 즐긴다.
이 경험은 자신에 대한 도전이기도 하다.

심미적 감상은 내게 있어 가장 흥미로운 형태의 즐거움이다. 공상 과학 소설 작가들은 이를 '센사원다(sensawunda)'*라고 부른다. 즉, 경이, 미스터리, 하모니다. 나는 환희라고 부른다. 심미적 감상은 재미처럼 패턴에 관한 것이다. 그러나 심미적 감상은 패턴을 **인식하는** 일이 중심일 뿐, 새로운 것을 배우지 않는다는 점이 다르다.

환희는 우리가 패턴을 인식하면서 놀라움을 느낄 때 발생한다. 그것은 영화 〈혹성탈출〉 마지막 장면에 자유의 여신상을 보는 순간이다. 그것은 추리 소설에서 마지막에 모든 조각이 맞춰졌을 때 오는 전율이며, 모나리자의 모든 감정의 경계선에 있는 미소를 보며 그녀가 무슨 생각을 하고 있는지 우리만의 가설을 세워보는 것이다. 그것은 아름다운 풍경을 보며 세상은 참으로 옳다고 생각하는 것이다.

아름다운 풍경을 보면 왜 환희를 느낄까? 풍경이 우리의 기대를 충족시키고, 또 그 기대를 넘어서기 때문이다. 우리는 기대하는 이상화된 심상에 아주 가까운, 그러나 의외의 불완전성을 가지고 있을 때 아름다움을 느낀다. 완벽하게 짜인 구성에 아주 작은 흠결이 보일 때. 페인트 칠이 벗겨진 전원의 농가 사진. 토닉음으로 돌아오면서 불완전한 마이너 세븐으로 떨어지는 음악. 이런 것들이 우리애개 새로운 패턴을 쫓아가게 한다.

아름다움은 기대와 현실 사이의 긴장에서 발견된다. 아름다움은 오직 극단적인 질서에서만 찾을 수 있다. 자연은 극단적인 질서로 가득하다. 영역을 넓혀 퍼져 나가는 꽃밭은 성장의 질서를 보여준다. 생명이 삶의 영역을 넓혀가는 질서다. 비록 꽃밭 사이 잘 닦인 통행로의 질서와는 긴장 관계에 있지만 말이다.

환희는 안타깝지만 계속되지 않는다. 그것은 낮 모르는 미인이 계단을 오르며 보이는 미소처럼 빠르게 스쳐 지나간다. 그렇지 않을 도리가 없다. 인식은 지속되는 과정이 아니다.

환희를 느꼈던 대상에서 잠시 멀어졌다가 다시 돌아오는 방법으로 환희를 되찾을 수 있다. 다시 한 번 환희를 인식하는 것이다. 그러나 그것을 재미라고 부를 수는 없다. 그것은 재미와는 다른, 뇌가 우리에게 잘 배웠음을 확인할 때 주는 보상 같은 것이다. 보상은 이야기의 에필로그다. 이야기 자체는 학습의 즐거움이다.

그리고 사람들은 도전이 아닌 것에서 환희를 느끼곤 한다.

나는 재미를 학습 과정에서 패턴을 습득했을 때 뇌가 주는 피드백이라고 정의한다. "우리는 여기에 즐기러 왔다"라고 말하는 농구팀이 있다. 반대로, 상대 팀은 "우리는 여기에 이기러 왔다"라고 말한다. 후자는 더 이상 연습하듯이 경기에 임하지 않을 것이다. 재미는 본질적으로 연습과 학습에 관한 것이지, 숙련도를 사용하는 데서 느끼는 게 아니다. 사실 재미는 행동하기 전부터 느낄 수도 있다. 해결책을 예상해보는 것은 실제로 적용해보는 것만큼 흥미진진하기 때문이다.* 숙련도를 사용하는 것은 조금 다른 느낌이다. 우리는 사회적 지위 향상이나 생존 같은 목적이 있을 때 숙련도를 사용하기 때문이다.

여기서 배울 점은 **재미에 맥락이 있다**는 것이다. 우리가 특정 활동을 하는 이유는 매우 중요하다. 버나드 수츠는 이것을 '루소리 에티튜드(lusory attitude)로 접근하는 것'*이라고 했는데, 활동을 인과관계가 없는 '마법의 원'에 넣는 것을 뜻한다. 학교가 재미없는 이유는 학교를 진지하게 접근하기 때문이다. 학교는 연습이 아니라 실전이다. 성적, 사회적 위치, 옷차림 등은 당신이 사람들에게 둘러싸여 인기를 누릴지 또는 식당에서 가장자리에 앉을지를 결정할 것이다.

우리는 경쟁에서 지고 "음, 그냥 재미 삼아 한 거야"라고 말하곤 한다. 이는 패배함으로써 사회적 평판이 떨어져도 대수롭지 않은 척하는 것이다. 그저 연습이었기 때문에 최선을 다하지 않았다고 여기는 것이다.

사회적 지위가 올라갈 때는 긍정적인 피드백을 받는다. 우리는 그저 나무 꼭대기에 올라가려고 서로 똥덩어리를 던져대는 원숭이 부족일 뿐이다. 그러나 그 속의 중요한 요소에 주목하자. 타인을 도우면서 올라가기(나체스, 크벨). 지식의 영역을 넓히며 올라가기(재미). 사회 관계망을 강화하고, 공동체와 가족을 만들고, 모두의 이익을 위해 함께 일하며 올라가기(차려입고, 짝을 찾고, 타인을 돌봐주는 일).

원숭이로서는 아주 잘하고 있는 것이다. 일반적인 동물의 세계와 비교해보면 놀라운 일이다. 상어가 서로 잡아먹는 것으로 피드백하는 것에 비하면 아주 아주 잘하고 있는 것이다.

내 생각에 재미를 추구하는 것은 마치 엄지가 다른 손가락을 마주 보았던 것만큼이나 진화적으로 중요한 장점이었을 것이다. 새로운 것을 배울 때 즐거움을 주는 머릿속의 화학 작용이 없었더라면 우리는 상어나 개미 수준에 그쳤을지도 모른다.

그러나 환희는 매우 빨리 소멸된다.
진짜 재미는 우리 능력의 한계점 근처에서 도전할 때 온다.

그래서 재미란 어떤 느낌이냐고? 음, 많은 플레이어의 말을 빌리면 '존(zone)에 들어가는' 순간이 있다. 학구적으로 말하면, 칙센트미하이의 '플로우(flow)*'라는 개념을 참고해도 좋다. 이 개념은 어떤 과업에 완전히 집중하고 있는 상태를 말한다. 자신을 완전히 통제할 수 있을 때 자신의 기술을 이용하여 다가오는 도전에 정확히 맞설 수 있다.

플로우는 자주 발생하지 않지만, 한 번 들어가면 그 상태는 대단히 환상적이다. 문제는 플로우를 만들어내도록 능력과 도전을 정확하게 맞추는 것이 정말 어렵다는 것이다. 예를 하나 들면 머리가 잘 돌지 않고, 인식의 한계점을 돌파해버리면 나머지 도전은 시시해진다. 또 다른 예로 오토매틱 시스템은 플레이어의 변속 능력을 잘 평가하지 못한다.

우리가 우리에게 던져진 패턴을 숙달하면 뇌는 약간의 즐거움을 툭 던져준다. 그러나 새로운 패턴이 주어지는 흐름이 느려지면 우리는 즐거움 대신 지루함을 느끼기 시작할 것이다. 반대로 새로운 패턴이 주어지는 흐름이 빨라져서 해결할 수 있는 능력을 넘어버리면 더 이상 진행하지 못하고 즐거움도 얻지 못한다.

플로우가 없다고 재미를 얻지 못하는 것은 아니다. 그저 엔도르핀이 끊임없이 줄줄 흐르지 않고, 드문드문 떨어질 뿐이다. 그리고 사실 재미없는 플로우도 있다. 예를 들어 명상은 비슷한 뇌파를 만들어낸다. 반면에, 재미는 플로우의 위쪽에서 출렁거릴 때 생기는 경우가 많다.

더 좋은 예로 '근접 발달 영역*'이라는 교육학적 개념이 있다. 학습자에게는 도움을 받지 않고 할 수 있는 과제, 도움이 없으면 전혀 할 수 없는 과제, 그리고 약간의 도움을 받으면 할 수 있는 과제가 있다는 것이다. 재미는 마지막 과제에서 오고, 도움은 게임 시스템이 준다.

그러므로 재미는 플로우가 아니다. 수많은 활동에서 플로우를 찾을 수 있지만, 모두 재미있는 것은 아니다. 보통 플로우 상태는 배우는 과정이 아니라 숙련도를 연습하는 과정에서 발생한다.

밸런스가 완벽하다면 사람은 존에 빠지게 된다.

물론 재미가 게임 시스템을 플레이하는 유일한 이유는 아니다.

- **연습** 연습은 게임으로 할 수 있는 매우 흔한 일이다. 연구에 따르면 특정 영역을 숙달하려면 '의식적인 연습'이라는 수련을 오랜 시간 거쳐야 한다.* 즉, 연습하는 사람이 도전적인 과제를 계속 반복해야 한다.* 이는 매우 고된 일이다. 어떻게 보면 게임은 이 고된 훈련을 쉽게 만들어주는 '진중한 연습 머신'이다.

- **명상** 명상은 과학에서 깊게 연구되지 않았지만, 전 세계 곳곳에서 일상적으로 수행되는 다양한 수련 형태다. 만트라, 호흡법, 특정한 행동을 반복하는 것 등 특정 요소에 집중하는 방식이다. 많은 게임이 이런 방식에 잘 어울린다.

- **스토리텔링** 어떤 게임에는 이야기가 있다. 물론 플레이어는 언제나 그 위에 다양한 사건의 서사를 만들어낸다. 어떤 플레이어는 게임의 시스템보다 이야기에 더 흥미를 느낀다. 이야기가 '게임다운' 것인지 아닌지 냉정하고 기술적으로 논할 수는 있겠지만, 그럴 필요가 있을까?

- **안락함** 플레이어가 완전히 이해하여 위험을 느끼지 않는 공간에서 숙련 과정을 연습할 수 있다면, 플레이어는 고단한 삶 가운데 편안한 휴식을 누리고 있다고 느낄 것이다. 게임은 일종의 도피처로 마치 좋아하고 익숙한 책이나 영화를 보고 또 보는 것과 비슷한 경험을 줄 수 있다.

게임과 게임 시스템을 이런 용도로 사용하는 것은 잘못된 것이 아니다! 그러나 다른 것들도 이런 용도로 쓰일 수 있을 것이다. 그러므로 이런 요소가 게임이 독특한지, 특별한지를 말해주지는 않는다.

요약해보면 게임은 이야기가 아니다. 게임은 아름다움이나 환희를 주기 위한 것이 아니다. 게임은 사회적 지위를 올리기 위한 것도 아니다. 게임은 그 자체로 매우 가치 있는 것이다. 재미는 결과에 대한 부담이 없는 가운데 맥락 속에서 배우는 것이며, 그것이 게임이 소중한 이유다.

연습

스토리텔링

안락함

ommmmmmm

명상

Chapter 6

사람은 각자 다른 재미를 추구한다

사람은 각자 다양한 속도와 다양한 방식으로 배운다. 이러한 차이는 아주 어렸을 때부터 나타난다.* 어떤 사람은 무언가를 생각할 때 이를 시각화하지만, 어떤 사람은 언어를 더 많이 사용한다. 어떤 사람은 손쉽게 논리를 적용하지만, 어떤 사람은 직관의 번뜩임에 의존한다. 우리는 이러한 지식을 교육에 어떻게 적용할지 여전히 씨름 중이다.* 우리는 모두 IQ의 분포가 종 모양으로 나타난다는 것*과 IQ 테스트가 지능의 모든 형태를 측정하지 못한다는 것을 익히 알고 있다. 하워드 가드너*에 따르면 지능에는 일곱 가지 형태가 있다.

1. 언어

2. 논리-수학

3. 신체-운동

4. 공간

5. 음악

6. 대인 관계

7. 자기 이해(자신의 내면, 자기 주도)

이렇게 형태가 다른 지능을 측정하는 표준화된 테스트는 없다(게다가 이건 권위 있는 목록도 아니다!). 이 목록을 통해 사람은 타고난 재능이 다양하므로 각기 다른 종류의 게임에 흥미를 가질 거라고 추측할 수 있다. 사람은 자신에게 노이즈로 보이는 패턴이나 퍼즐을 놓고 씨름하는 것을 좋아하지 않는다. 자신이 어떻게든 풀 수 있을 것 같다고 판단한 문제를 고르는 경향이 있다. 따라서 신체-운동 지능이 뛰어난 사람은 스포츠에 끌릴 것이고, 언어 지능이 뛰어난 사람은 십자말풀이나 〈스크래블〉을 할 것이다.

$\int \phi\,(u,v) = \quad li(u)du \mid K(v) = K(v) + E(v) = F(x - \epsilon$

수학자

물론 모든 사람은 똑같지 않다.
어떤 사람은 음악적 재능이 있고,
어떤 사람은 머릿속으로 미적분을 풀고,
어떤 사람은 카리스마가 매우 넘친다.

정치가

바이올리니스트

최근 많은 연구에서 성별의 차이*를 집중적으로 다루고 있다. 이제 드디어 성차별이라는 비난 없이 이 주제를 다룰 수 있게 되었다. 모든 경우에서 일반적이고 보편적으로 이야기하고 있음을 인지하는 것이 중요하다. 한 성별 안에서 개인 간 차이*는 성별 간 차이보다 더 크지만, 성별 간 차이는 실제로 존재한다. 예를 들어 여성은 평균적으로 특정한 형태의 공간 지각 문제에 어려움을 겪는 경향이 있다. 임의의 3차원 형상을 다른 방향으로 회전시킨 뒤 그 단면을 시각적으로 나타내는 것 같은 문제다.* 반대로 남성은 언어 기술에 심각한 어려움을 겪는 경향이 있다. 의사들은 남자아이가 말을 잘하게 되는 데는 여자아이보다 시간이 더 걸린다는 것을 오래전부터 알고 있었다.* 이러한 많은 차이가 시간이 지나면서 사라지고 있다는 사실은 차이가 생물학적인 것이 아니라 문화적인 것임을 시사한다.*

게임이 이러한 차이를 없애는 데 이바지할 수 있다는 점은 비디오 게임이 가진 힘을 잘 표현한다. 결국, 본성과 양육이라는 두 가지 요소에 관한 방정식이다. 공간 회전 테스트에 어려움을 겪는 사람이 물체를 회전시켜 3차원에서 특정한 모양으로 맞추는 비디오 게임을 하면 게임에 필요한 공간 지각을 마스터할 뿐만 아니라 그 결과가 영구적으로 지속된다. 이는 연구를 통해 밝혀진 사실이다.*

영국의 정신병리학 연구자 사이먼 배런코언*에 따르면 '체계적인 두뇌'와 '공감하는 두뇌'가 있다. 그는 극단적으로 체계적인 두뇌는 자폐증으로, 그보다 체계적인 두뇌 부분이 조금 적은 경우는 아스퍼거 증후군*으로 진단 내릴 수 있음을 밝혀냈다. 배런코언은 체계적인 두뇌 대비 공감하는 두뇌의 분포는 확실히 성별의 영향을 받는다고 주장한다. 남성은 체계적인 두뇌를 더 많이, 여성은 공감하는 두뇌를 더 많이 가지고 있다는 것이다.

배런코언의 이론에 따르면, 체계적인 두뇌와 공감하는 두뇌가 모두 뛰어난 사람도 있다. 짐작하건대 이러한 사람은 높은 수준의 공감과 상당한 수준의 체계가 모두 필요한 예술에 투신하는 경향이 높다. 그러나 배런코언은 두 가지 두뇌가 모두 뛰어나면 오히려 생존에는 불리하다고 주장한다. 한쪽 두뇌가 뛰어난 '스페셜리스트'에 비해 능력이 확실히 떨어지기 때문이다. 시인들이 다락방에서 폐결핵으로 죽어 갔던 이유가 이 때문일지도 모른다.

하지만 우리가 아이들에게 이야기하듯이
열심히 노력하면 결점을 극복할 수 있다.
재능은 노력을 이길 수 없다.

사람들의 차이를 바라보는 또 다른 방법은 지능의 관점이 아니라 학습 스타일* 관점으로 보는 것이다. 여기서 다시 성별이 등장한다. 여성은 다른 사람의 행동을 모형화하면서 학습하는 반면, 남성은 공간을 이해하는 방법이 다를 뿐만 아니라 시행착오를 통해 학습하는 경향이 있다. 최근 연구에 따르면 남성과 여성은 심지어 실제로 보는 것도 다르다.* 이러니 서로 학습 스타일이 다른 것도 당연하다.

학습 스타일과 성격을 살펴보는 전통적인 방법으로 커시의 기질 분류*와 마이어스−브릭스 성격 유형 지표*가 있다. INTJ, ENFJ 같이 코드 네 글자를 딴 방법이다. 물론 점성술이나 애니어그램* 등 성격 테스트는 엄청나게 많다. 이러한 성격 테스트는 대부분 과학적인 기반이 없다. 하지만 전 세계 사람 개개인을 설문한 대규모 조사 기반 모형이 하나 있다. 바로 성격 5요인 모형이다.* 이 모형은 성격을 크게 개방성, 성실성, 외향성, 친화성, 신경성이라는 다섯 가지 영역으로 본다.

입증되지는 않았지만, 플레이어는 자신의 성격과 일치하는 특정한 형태의 게임을 좋아하는 경향이 있다. 게임 디자이너 제이슨 반덴버그*는 성격 5요인 모형과 사람들이 플레이하는 게임 간에 상관관계를 증명할 수 있는 자료를 찾으려고 노력하는 중이다.

당연한 사실이지만, 사람은 늘 각자 다른 경험을 가지고 게임을 한다. 이는 특정한 형태의 문제를 풀 때 각자 다른 수준의 능력으로 문제를 푼다는 의미다. 심지어 이보다 더 기본적인 것도 시간이 지남에 따라 변할 수 있다. 예를 들어 사람이 살다 보면 에스트로젠이나 테스토스테론 같은 호르몬 수치가 극적으로 변화를 거듭하고, 이러한 변화가 성격에 영향을 준다는 사실이 밝혀졌다.*

이 모든 것은 게임 디자이너에게 어떤 의미일까? 게임 하나가 모든 사람의 흥미를 끌 수 없을 뿐만 아니라, 사실상 거의 **불가능하다**는 의미다. 점진적인 난이도 설계는 많은 사람에게 보편적으로 작용할 수 없으며, 게임 난이도의 기본 전제는 어떤 사람에게는 너무 쉬워서 지루하지만, 어떤 사람에게는 너무 어렵게 느껴질 것이다.

이는 게임 시스템의 기본적인 한계를 보여준다. 게임은 형식적인 추상 시스템이므로 본질적으로 특정한 두뇌 형태에 편향되어 있다. 마치 책이 편향된 것처럼 말이다(미국에서 도서를 구매하는 사람 대부분은 여성이며, 이 중 반이 45세 이상이다*).

비디오 게임 산업은 여성 소비자에게 호감을 사는 게임이 부족하여 오랫동안 고생해왔다. 이에 대해 많은 가설이 나왔다. 비디오 게임에 만연한 성차별, 여성 고객에 대한 유통망의 부재, 유치한 주제, 게임 산업 내에서 상대적으로 낮은 여성 창작자의 비중, 대부분 폭력적인 게임 등이다.

아마 답은 간단할 것이다. 젊은 남성에게 게임이 매력적으로 보이는 이유는 젊은 남성의 뇌가 게임 시스템과 잘 맞기 때문이고, 잘 맞는 이유는 그 게임이 젊은 남성과 유사한 성향이 있는 사람이 디자인했기 때문이다. 그렇다면 다음과 같이 이야기해볼 수 있을 것이다.

- 여성 플레이어는 추상 시스템이 더 간단하고, 공간 추리력을 덜 포함하고, 사람 사이의 관계에 더 비중을 두며, 서사와 공감에 중점을 둔 게임에 끌릴 것이다. 또한, 여성 플레이어는 공간 위상*이 좀 더 간단한 게임을 선호할 것이다.

- 하드코어 플레이어라도 성별에 따라 확연히 다른 플레이를 할 것이다.* 남성은 권력의 분출과 영토의 지배력을 강조하는 게임에 집중하는 반면, 여성은 행동의 모형화를 허용하며(멀티플레이어 게임 같은) 위계가 엄격하지 않은 게임을 선택할 것이다.

- 남성은 나이가 들면서 여성과 유사한 플레이 스타일로 천천히 이동할 것이다.* 이 중 많은 남성이 노골적으로 게임이라는 취미를 버릴지도 모른다. 반면에, 나이가 많은 여성은 게임을 버리지 않을 것이다: 폐경 이후 게임에 대한 흥미가 더 높아질 것이다.

- 일반적으로 여성 게이머는 남성 게이머보다 적은 편인데, 어떤 게임이든 게임의 본질은 여전히 형식적인 추상 시스템이기 때문이다.

이러한 경향은 문화가 모든 면에서 성 평등을 향해 이동하면서 변할 것이며, 게임도 대안적인 사고방식을 가르치는 데 있어 자신의 소임을 다할 것이다.

사람들은 일반적으로 자신이 원래 잘하고,
자신의 강점을 반영할 수 있는 게임을 고른다.

공교롭게도 게임 플레이어의 통계를 보면 이러한 성 평등이 실제로 이루어진 것을 볼 수 있다 (성 평등 말고 다른 많은 것도 함께 말이다). 게임은 주로 14세 남자들의 영역이었다. 이들이 주로 게임을 선택했기 때문이다. 하지만 지난 10년 동안 좀 더 다양한 게임이 만들어졌으며, 이제 남성 플레이어보다 여성 플레이어가 좀 더 많다.

게임이 사회에 더 많이 퍼짐에 따라 더 많은 어린 소녀들이 게임이 가진 놀라운 두뇌–재연결 역량을 활용해 자신을 훈련하거나, 소년들이 좋아하던 종류의 게임을 편하게 즐기는 모습을 볼 수 있다. 스포츠 같은 '소년들의 게임'을 플레이하던 소녀들은 수년 뒤 전통적인 성 역할에서 벗어나는 경향이 있지만, '소녀들의 게임'을 고수한 소녀들은 전통적인 고정관념을 좀 더 강하게 따르는 경향이 있음을 보여주는 연구도 있다.*

이 연구는 사람이 역량을 최대로 발휘하려면 자신의 본성에 끌리지 않는, 자신이 선택하지 않는 게임을 열심히 해야 한다는 주장을 꽤 강하게 뒷받침한다. 뇌는 타고 나지만 게임은 문화적으로 습득된 것을 바로잡아주는, 평등하게 육성시키는 역할을 한다고 볼 수 있다. 그 결과 사람은 세계관을 자유롭게 바꾸고, 더 넓은 범위의 기술을 활용하여 주어진 문제를 해결할 수 있게 될 것이다.

반대로, 소년을 1인용 게임으로 훈련시키기는 어려울 것이다. 1인용 게임은 게임 시스템이 가진 매체로서의 힘을 발휘하지 못하기 때문이다. 그런데도 게임은 시도해야 한다. 외교나 온라인 가상 세계 같은 사회적 상호 관계를 강조하는 디자인을 해볼 수도 있을 것이다.* 게임의 기본 본질이 수학이기 때문에 한계가 있다는 생각은 너무 비관적이다. 음악은 수학적임에도 불구하고 극히 감성적인 매체가 되었고, 언어도 수학적 사고를 전달할 수 있게 되었다. 그러니 게임 역시 여전히 희망은 있다.

그 대신 사람들은 자신의 약점을
개선하는 게임을 찾아야 한다.

• Chapter 7 •
학습의 문제점

학습에는 문제가 있다. 우선 매우 힘들다. 우리 뇌는 무의식적으로 배움을 추구하지만, 부모님, 선생님, 혹은 뇌의 논리적인 부분이 억지로 시키면 대부분 강하게 반발한다.

어린 시절 수학 시간에 선생님은 답과 함께 항상 풀이를 적게 했다. 많은 학생이 문제를 보고 머릿속으로 능숙하게 계산하여 바로 답을 적을 수 있었지만, 그와 관계없이 선생님은 항상 풀이를 적도록 했다. 예를 들어

$x^2 + 5 = 30$

이라는 문제를 보고 바로 $x = 5$라고 쓰면 안 되고, 반드시 다음과 같이 풀어야 했다.

$x^2 = 30 - 5$

$x^2 = 25$

$x = \sqrt{25}$

$x = 5$

우리는 이 과정이 바보 같다고 생각했다. 문제를 보면 바로 $x = 5$라고 알 수 있는데 왜 그냥 답을 쓰면 안 되지? 왜 이런 성가신 과정을 거쳐야 하지? 시간만 드는데!

사실 -5×-5도 25이기 때문에 이 문제의 답은 두 개라는 것이 풀이를 적으면 좋은 이유다. 바로 답으로 넘어가 버리면 이런 부분을 지나칠 수 있다.

그러나 좋은 이유가 있다는 사실이 지름길을 찾아내려는 인간의 정신을 멈추지는 못할 것이다.

게임은 가르치는 도구이므로 게임에서 앞서고 싶은
플레이어는 자신의 행동을 최적화하려 한다.

플레이어가 게임을 살펴보고 패턴과 최종 목표를 인지하면 목표를 달성하기 위한 최적 경로를 찾으려고 노력할 것이다. 모든 게임의 고전적인 문제 중 하나는 게임을 즐기라고 만들어둔 보호 공간인 '마법의 원'을 플레이어가 거리낌 없이 깬다는 것이다.

다시 말해 많은 플레이어가 기꺼이 치팅을 한다.

이는 본능적인 충동이다. 사람이 악하다는 뜻이 아니다(물론 스포츠맨십에 어긋난다고 할 수는 있겠지만). 사실 사람이 배워야 할 아주 중요하고 가치 있는 정신적인 기술인 수평적 사고의 증거다. 플레이어가 게임을 치팅한다면 비윤리적일 수 있지만, 동시에 생존에 도움이 되는 기술을 연마하는 것이기도 하다. 이를 보통 '커닝'이라고도 부른다.

'치팅'은 전쟁에서 오랫동안 사용되어온 관습이다. 최초의 교전 수칙*은 기원전 6세기로 거슬러 올라간다! 관례가 생기면 관례를 위반하는 것이 강력한 전술이 된다. "적의 눈에 모래를 뿌리자." "밤에 공격하자." "숲에서 돌격하지 말고 몰래 기습하자." "적들이 진흙 길을 걸어오도록 유인한 뒤 화살로 공격하자." 가장 중요한 전략 격언 중 하나는 다음과 같다. "전쟁을 주관하지 못했다면 적어도 전장은 주관하도록 하라."

플레이어가 게임을 치팅한다는 것은 전장을 게임 자체보다 더 넓은 것으로 인식한다는 의미다.

치팅은 사실 플레이어가 게임을 꿰고 있다는 신호다. 엄밀하게 생존의 관점에서 보면 치팅은 승리 전략이다. 결투 상대가 뒤돌아 있을 때 먼저 쏘는 사람이 자손을 남길 확률이 높다(물론 결투는 사회적 지위와도 상관이 있다. 하위 단계 게임에서 치팅을 하는 것이 메타 게임의 관점에서는 큰 실수일 수도 있다!)

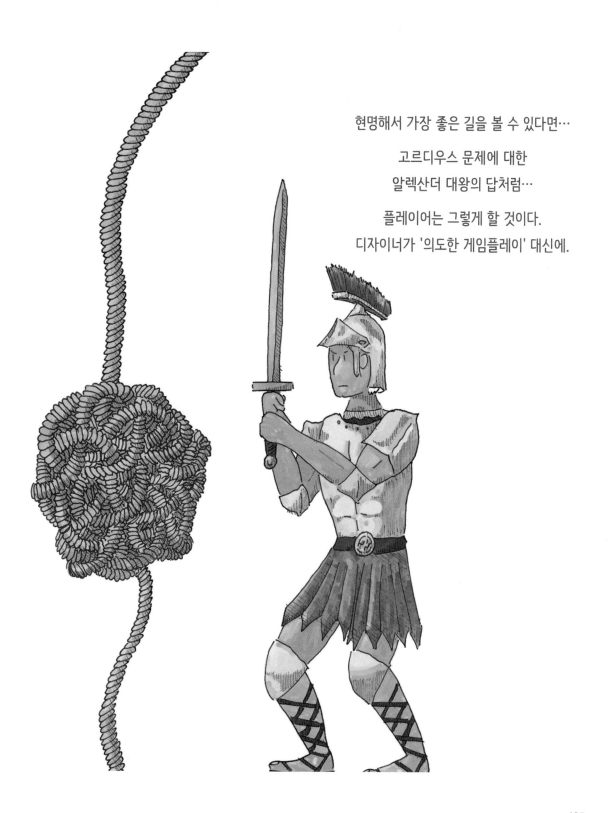

현명해서 가장 좋은 길을 볼 수 있다면…

고르디우스 문제에 대한
알렉산더 대왕의 답처럼…

플레이어는 그렇게 할 것이다.
디자이너가 '의도한 게임플레이' 대신에.

우리가 본능적으로 스포츠맨십과 페어플레이라는 개념을 보존하려고 노력하는 데는 그럴 만한 이유가 있다. 게임에서 배운 부분을 현실 세계에서 사용하려 할 때 치팅한 것은 쓸모가 없기 때문이다. 치팅은 현실을 대비하는 데 도움이 되지 않는다. 이것이 축구 경기에서 상대를 발로 차는 행위가 잘못되었다고 생각하는 이유다(또 다른 이유는 어느 팀도 차이는 것을 좋아하지 않는다는 것이다). 축구의 근본적인 메커니즘이 무엇을 가르쳐주든 간에, 상대를 차는 행위*는 축구의 형식적인 구조에서 벗어나는 것이다. 규칙은 사회 계약을 강화한다.

플레이어와 디자이너는 '치팅'과 '빈틈을 사용'하는 것을 다르게 생각한다. 둘의 차이를 정의하기는 어렵지만, 어떤 기발한 행동이 게임 프레임워크의 '마법의 원' 안에 있느냐 없느냐로 요약할 수 있다. 이런 빈틈을 사용하는 사람들이 보통 게임의 최고수라는 사실은 그다지 놀랍지 않다. 그들은 게임 규칙이 맞아 떨어지지 않는 지점을 찾아낸다. 따라서 규칙에 깐깐한 사람들의 비난을 불공평하다고 생각한다. 그들의 논리는 '게임에서 허용한다면 합법이다'라는 식이다.

그러나 게임의 목적은 보통 플레이어를 특정 도전에 맞서게 하기 위한 것이므로, 플레이어가 도전을 회피할 수 있게 만들어주는 나쁜 디자인에 대해 우리는 회피책이라며 분개하곤 한다. 회피는 문제 해결 능력을 숙달했다는 증거가 될 수 없다. 많은 게임이 기술을 가르친다. 플레이어에게 목표만 주고, 마음대로 풀어보라고 하지는 않는다.

좋은 게임 디자인이 이러한 문제를 어느 정도 바로잡을 수 있다(게임이 다소 제한되고, 게임의 본질을 상당히 저해하겠지만, 게임에 해결책을 미리 정하지 않는 방법이 나을 수도 있다). 그러나 결국 우리는 인간의 본능적 기질에 대항하는, 이길 수 없는 싸움을 하고 있다. 바로 더 잘하려는 마음 말이다.

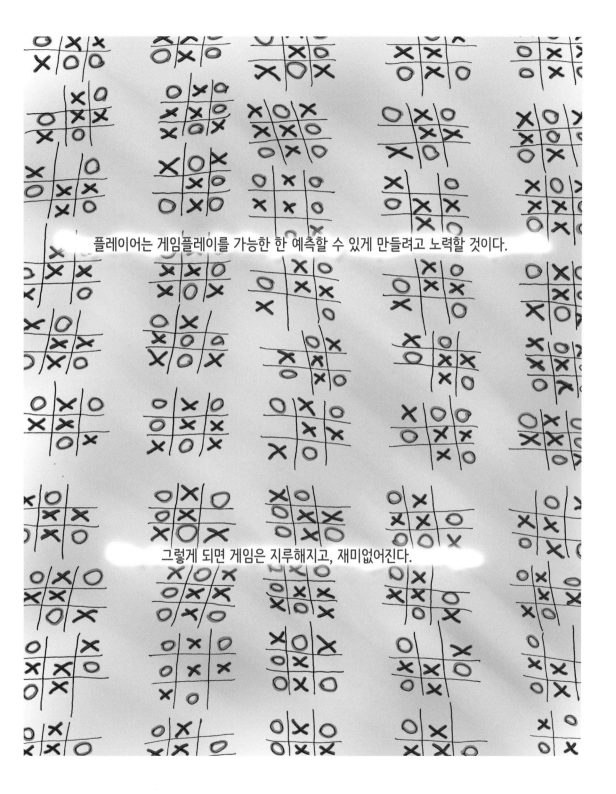

플레이어는 게임플레이를 가능한 한 예측할 수 있게 만들려고 노력할 것이다.

그렇게 되면 게임은 지루해지고, 재미없어진다.

현실에서 오래전에 지나가 버린 과거 상황을 일부러 만들어낸 게임을 생각해보자. 화승총으로 싸우는 게임, 범선으로 항해하는 게임, 장인들의 수공업에 기반을 둔 경제 게임 등이다. 여전히 배울 것이 있지만, 현실은 이미 기술이 발전하여 크루즈 미사일, 항공 모함, 공장이 있는 세상이 되었다.

그러나 이 게임들은 발전을 허용하지 않는다. 대부분 게임은 혁신과 창의성을 허용하지 않는다.* 게임은 패턴을 제시한다. 패턴을 벗어나는 혁신은 말 그대로 마법의 원을 벗어나는 것이다. 게임의 규칙을 바꿔서는 안 된다.

인간은 발전하는 존재다. 우리는 삶이 편안해지기를 원한다. 그래서 게으르다. 우리는 좀 더 효율적인 방법을 찾는다. 무언가를 계속 반복하지 않으려고 한다. 물론 지루함을 싫어하지만, 사실은 **예측 가능성**을 갈망한다. 우리의 삶은 이런 것들 위에 이루어져 있다. 예측 불가능한 것은 달리는 자동차에서 충격을 받거나, 번개에 감전되는 일, 천연두, 식중독 같은 것으로 이 때문에 죽을 수도 있다! 이런 일은 피하고 싶다. 대신 실용적인 구두, 저온 살균된 우유, 백신, 피뢰침, 법 같은 것을 선호한다. 이것도 완벽하지는 않지만, 우리에게 예측 불가능한 일이 일어날 확률을 확실하게 줄여준다.

우리는 지루함을 싫어하기 때문에 예측 불가능한 것을 허용하지만, 그 허용 범위는 예측 가능한 선을 넘지 않는다. 예를 들어 게임이나 텔레비전 방송 같은 것이 그렇다. 예측 불가능함은 새로 배울 만한 패턴이며, 그렇기에 재미있다. 우리는 즐거움(그리고 학습 용도로) 때문에 예측 불가능함을 좋아한다. 그러나 현실에서의 예측 불가능함은 그 위험이 너무나도 크다. 그래서 애초에 예측 불가능함과 학습의 경험을 하나로 묶어 위험이 없는 시공간에 몰아넣는 '게임'이 필요했던 것이다.

플레이어의 자연스러운 본능은 게임을 좀 더 예측 가능할 수 있게 만들어서 승률을 높이는 것이다.

현실 세계에서는 이를 '안전'과
'안정적인 직장'과 '실용적인 구두'와
'일상'이라고 부른다.

원한다면 쳇바퀴라고 불러도 좋다.

139

이러한 본능은 '하수 잡아먹기' 같은 행동을 유발하기도 한다. 승자가 이익을 다 차지하고 승률도 모르는 어려운 게임에서 단판 승부를 겨루느니, 약한 상대를 손쉽게 여러 번 이기는 전략이 더 나으므로 플레이어가 의도적으로 자신보다 약한 상대를 찾는 합리적인 행동이다. 쉬운 레벨을 수백 번 반복해서 생명력을 충분히 늘린 다음, 나머지 게임을 편안하게 즐기는 행위는 겨울을 대비해 음식을 저장해두는 것이나 마찬가지다. 그저 **현명한 행동**일 뿐이다.

이것이 게임의 원래 목적이다. 게임은 우리가 위험을 최소화할 수 있다는 것을, 또 그렇게 하려고 어떤 선택을 해야 하는지를 가르쳐준다. 달리 말하면, **게임의 운명은 지루해져서 재미없어지는 것이다.*** 게임을 재미있게 만들고자 하는 사람들은 인간의 두뇌와 이길 수 없는 싸움을 하고 있다. 재미라는 과정의 종착역은 반복이기 때문이다.

그래서 플레이어는 종종 일부러 재미를 망친다. 일단 과제를 완료하고 나면 무언가 새로운 것을 배울 수 있으리라는(다른 말로 하면, 무언가 재미있는 것을 찾으리라는) 희망을 품고 재미를 망친다. 플레이어는 발전하기 위한 최적의 전략이라고 생각하기 때문에 그렇게 하는 것이다. 또한, 다른 사람이 그렇게 하는 것을 보고 자신도 하는 것이다. 다른 사람이 성공하는 것을 보면서 경쟁하지 않는다는 건 인간의 본성에 명백히 부자연스러운 일이기 때문이다.

이 모든 일은 인간의 마음이 목표 지향적이기 때문에 생긴다. '중요한 것은 과정이지, 결과가 아니다' 같은 그럴듯한 말을 만들어내지만, 대부분 희망 사항에 불과하다. 무지개는 아름답고 바라보면 즐겁지만, 쳐다보며 상념에 빠져 있는 동안 다른 누군가는 무지개 끝에서 금화 단지를 파내고 있을 것이다.

성공한 게임 활동의 핵심 요소 중 하나는 보상이다. 무언가를 할 때 정량적인 이득이 없으면 뇌는 그 활동을 포기해버리곤 한다. 게임의 기본이 되는 요소, 이를테면 게임의 '원소'는 무엇일까? 게임 디자이너 벤 커슨은 게임플레이의 기본 단위를 '루뎀(ludemes)'*이라고 불렀다. 우리는 이미 여러 번 루뎀을 이야기했다. 예를 들면 '모든 곳을 탐험한다'나 '반대편에 가본다' 같은 것이다. 발견할 수 있는 요소가 아직도 많을지 모른다. 그러나 게임은 결국 대부분 같은 기본 요소로 이루어져 있다.

게임 제작자는 언제나 최적화,
공정 자동화, 단순화, 투자 수익 극대화를
수행하는 인간의 두뇌와
이길 수 없는 싸움을 하고 있다.

성공한 게임은 다음과 같은 요소가 잘 어우러져 있다.*

- **준비 단계** 주어진 도전을 시작하기 전에 플레이어는 성공 가능성에 영향을 주는 선택을 몇 가지 할 수 있다. 싸움에 들어가기 전에 치료하거나, 상대를 불리하게 만들거나, 미리 연습을 해보는 것이다. 전술 조감도를 그려볼 수도 있고, 카드 게임에서 특정한 패를 만들어둘 수도 있다. 게임을 플레이하는 과정 중에 한 행동들도 자동으로 준비 단계의 일부가 되는데, 거의 모든 게임이 여러 가지 도전을 연속해서 수행해야 하기 때문이다.

- **공간 감각** 전쟁 게임의 지형, 체스판, 브리지 게임에서 플레이어들의 연합 관계 같은 것이 공간이 될 수 있다.

- **건실한 코어 메커니즘** 풀어야 하는 퍼즐이며, 콘텐츠를 부어넣을 수 있는 본질적으로 흥미로운 규칙 세트다. 예를 들면 '체스에서 말을 움직이는 행위' 같은 것이다. 코어 메커니즘은 보통 아주 작은 규칙이다. 게임의 복잡성은 아주 많은 메커니즘으로 만들어지거나, 혹은 우아하게 결정한 아주 소수의 메커니즘으로 만들어진다. 작고 우아한 메커니즘은 대부분 아주 작은 문제 유형, 즉 커브 예측, 최적화, 매칭, 밸런싱, 분류 같은 문제가 모여 만든 집합으로 이루어져 있다.

- **도전의 변화폭** 기본적으로 이 요소가 콘텐츠다. 이 요소는 규칙을 바꾸지 않고, 규칙 안에서 작동하며, 테이블에 약간 다른 파라미터를 만들어낸다. 게임에서 만나는 적이 한 예다.

- **조우를 해결하는 데 필요한 능력의 범위** 만약 소지품이 망치 하나뿐이라면 할 수 있는 일도 하나일 것이고, 게임은 따분해질 것이다. 이것이 틱택토는 통과하지 못하고, 〈체커〉는 통과한 시험이다. 〈체커〉에서는 상대 플레이어가 불리한 점프를 하도록 유도하는 일이 중요하다는 것을 배운다. 대부분 게임은 시간이 흘러 레벨이 오르면 다양한 책략을 사용하여 의사결정을 할 수 있게 조금씩 능력을 열어준다.

- **능력을 사용하는 데 필요한 기술** 나쁜 선택을 하면 조우에서 실패한다. 기술은 무엇이든 될 수 있으므로 조우 동안의 자원 관리, 타이밍, 신체적 능력, 움직이는 모든 변수 감지 등에 실패하면 조우에서 실패한다.

사실 대부분 게이머는 과도하게 실리적이어서
특정 행동이 확실한 보상을 주지 않으면
그들은 신경 쓰지 않을 것이다.

아, 세계를 구해도 보너스 포인트는 안 나오더라고. 그래서 화성인이 핵을 터뜨리게 놔뒀지.

···쟤들은 아무것도 몰라. 게임의 후반부에 대해 알기나 할까?

이 요소를 모두 갖춘 게임은 재미를 불러내는 인지 버튼을 정확히 누를 것이다. 우리는 만약 게임에 준비 단계가 전혀 없다면 운에 기대는 게임이라고 하고, 공간 감각이 없다면 게임이 단순하다고 말한다. 코어 메커니즘이 없다면 이 게임은 게임 시스템이 아예 없다고 말한다. 도전의 변화폭이 없다면 금세 지루해진다. 선택이 다양하지 않다면 게임이 너무 단순하다. 그리고 기술이 없어도 된다면 게임은 따분하다.

또한, 경험을 학습 경험으로 만드는 데 필요한 요소도 몇 가지 있다.

- **다양한 피드백 시스템** 조우의 결과가 완전히 예측 가능해서는 안 된다. 도전을 해결하기 위해 더 훌륭한 기술을 사용했다면 더 좋은 보상을 받는 것이 이상적이다. 다양한 피드백의 예로 〈체스〉에서 수를 두었을 때 상대방의 반응을 들 수 있다.

- **숙련도 문제* 해결** 레벨이 높은 플레이어는 쉬운 조우에서 얻는 것이 별로 없어야 한다. 그렇지 않으면 '하수 잡아먹기'를 할 것이다. 이 경우 레벨이 낮은 플레이어는 게임을 온전히 즐기지 못한다.

- **실패의 대가** 최소한의 기회 비용*이든 혹은 그 이상이든 대가가 따라야 한다. 실패한 도전을 다음에 다시 시도할 때는 처음부터 시작해야지, '이어 하기'는 없어야 한다. 재도전할 때는 다르게 준비해서 도전해야 할 수도 있다.

루템을 구성하는 이런 근원적 요소를 보면 왜 역사상 대부분 게임이 일대일로 대결하는 형태였는지 쉽게 알 수 있다. 새로운 도전과 콘텐츠를 지속해서 만들어낼 수 있는 가장 쉬운 방법이기 때문이다.

오래전부터 해오던 게임은 대부분 경쟁 구도다.
경쟁 구도의 게임은 비슷하지만 살짝 다른 퍼즐을 끊임없이 제공해주기 때문이다.

역사적으로 모든 경쟁 구도의 게임플레이는 실제로 그 게임을 통해 기술을 배워야 하는 사람들을 오히려 몰아내는 경향이 있다. 이 사람들은 경쟁에서 이기지 못하므로 처음 대전에서 탈락해버린다. 이는 숙련도 문제의 핵심이다. 이 때문에 많은 사람이 기술이 전혀 필요 없는 게임을 선호한다. 이런 게임을 선호하는 사람들은 두뇌를 제대로 훈련시키지 못한다. **플레이어에게 기술을 요구하지 않은 게임 디자인을 해서는 안 된다.** 동시에 디자이너는 너무 과한 수준의 기술을 요구하지 않도록 하는 데도 주의를 기울여야 한다. 플레이어는 언제나 과제의 난이도를 낮추려 한다는 것을 잊지 말아야 한다. 플레이어가 선택하는 가장 쉬운 방법은 플레이하지 않는 것이다.

다음은 재미를 확보하는 알고리즘이 아니지만, 재미의 부재를 점검하는 데 유용한 도구다. 디자이너는 게임이 이 기준을 모두 충족하는지 확인해볼 수 있다. 또한, 게임 비평면에서도 쓸모 있는 관점이다. 다음 목록으로 간단하게 각 시스템을 점검해보라.

- 도전을 시작하기 전에 준비해야 하는가?
- 다양한 방식으로 준비할 수 있고, 성공할 수 있는가?
- 도전하는 환경이 성공 여부에 영향을 미치는가?
- 수행해야 하는 도전에 확고한 규칙이 성립되어 있는가?
- 코어 메커니즘이 다양한 도전을 할 수 있게 지원하는가?
- 플레이어가 다양한 능력을 사용하여 도전을 견디는가?
- 도전의 수준이 높아졌을 때 플레이어는 도전을 견디기 위해 반드시 다양한 능력을 사용해야 하는가?
- 기술이 능력을 사용하는 데 영향을 주는가? (아니면 체커 말 이동 같은 기본 '행동'에 영향을 주는가?)
- 도전을 극복한 결과, 성공의 상태가 다양한가? (다시 말해 성공이 확실한 단 하나의 결과만 만들어서는 안 된다.)

물론, 상대방의 수준이 나와 비슷하지 않다면
퍼즐은 너무 쉽거나 너무 어려울 것이다.

- 고수 플레이어가 쉬운 도전을 깨작거릴 때 이득이 없는가?

- 아슬아슬하게 도전에 실패했을 때 다시 도전하게 하는가?

질문 중 하나라도 '아니오'라는 답이 나왔다면 게임 시스템을 재정비해야 한다는 의미일지도 모른다.

게임 디자이너는 붉은 여왕의 경주*에 사로잡혀 있다. 도전은 계속 극복해나가야 하기 때문이다. 그 결과 현대 게임 디자이너는 게임 하나에 점점 더 많은 종류의 도전을 집어넣곤 한다. 루뎀의 개수가 천문학적으로 불어난다. 〈체커〉는 정확히 두 가지 루뎀, 즉 '모든 말을 잡는다'와 '한 말만 움직인다'로 이루어져 있다. 당신이 가장 최근에 플레이한 콘솔 게임과 비교해보라. 어느 쪽이 백 년 뒤에도 플레이될 수 있을까?

고전 게임은 대부분 서로 우아하게 어울리는, 상대적으로 적은 시스템으로 이루어져 있다. 추상적인 전략 게임 장르는 루뎀을 얼마나 잘 선택하느냐가 중요하다. 그러나 요즘 가르치고 싶은 많은 교훈을 구현한 게임은 극히 복잡한 환경과 수많은 움직이는 말들이 필요한 경우가 많다. 온라인 가상 사회가 확실한 예다.

디자이너를 위한 교훈은 간단하다. 게임은 지루해지고, 자동화, 치팅, 빈틈을 활용당할 운명을 맞는다. 디자이너의 유일한 책무는 게임이 무엇에 관한 것인지 알고, 그것을 가르치도록 게임을 만드는 것이다. 게임이 가르치는 한 가지, 즉 주제, 핵심, 게임의 심장은 많은 시스템이 필요할 수도, 혹은 조금만 필요할 수도 있다. 그러나 **게임의 모든 시스템은 이 배움에 이바지해야 한다.** 이는 모든 시스템에서 영원불멸하다. 이것이 이 이야기의 교훈이다. 이것이 요점이다.

결국, 이것이 배움의 영광이면서 근본적인 문제다. 무언가를 배우고 나면 이제 끝난 것이다. 배운 것을 다시 배울 수는 없다.

사실, 게임에 더 많은 퍼즐을 넣으려고 발악하면
게임의 디자인이 '일상적인 디자인'이 되어 버린다.

다중접속 전략기반 리얼타임 슈터
플러스 RPG식 캐릭터 성장,
퍼즐 게임 전투, 서브 게임으로
레이싱이 있고,
그걸 댄스 발판에서
할 수 있습니다!

아놔,
이걸 하고 있으면
어디론가 사라져버리고 싶어.
이벤트를 보고 네 딸들이
불편하면 안 되지 않겠냐?

• Chapter 8 •
사람들의 문제

게임 시스템 디자인이 찾는 성배는 도전이 끊임없이 계속되고, 필요한 스킬이 다양하며, 난이도 곡선이 완벽해서 플레이어의 스킬 레벨과 난이도를 정확히 맞출 수 있는 게임을 만드는 것이다. 누군가 먼저 이런 게임을 만들었지만, 언제나 재미있는 건 아니다. 바로 '인생'이라는 게임이다. 아마 당신도 플레이해봤을 것이다.

게임 디자이너는 〈체스〉나 〈바둑〉*, 〈오셀로〉 등과 같이 수준이 높고, 도전이 자생적으로 생성되는 훌륭한 추상 시스템을 만들면 엄청난 자부심을 느낀다. 게임 규칙을 설계하고, 모든 콘텐츠를 디자인하는 것은 어렵다! 어려워도 스스로 재생성되는 게임을 만들고자 하는 노력을 멈출 수는 없다.

- **'창발적 행동'***은 흔히 쓰는 유행어다. 플레이어에게 디자이너가 예측하지 못한 일을 할 수 있도록 허용함으로써 규칙을 벗어난 새로운 패턴이 자연스럽게 창발되게 만드는 것이 목적이다(플레이어는 늘 디자이너가 예측하지 못한 일을 하지만, 디자이너는 이에 관해 이야기하는 걸 좋아하지 않는다). 플레이어의 창발은 게임 디자인 과정에서 다루기 어려운 것으로 유명하다. 창발은 허점이나 취약점을 만들어내 게임을 더 쉽게 만들곤 한다.

- **스토리텔링에 대해서도 많이 듣는다.** 다양하게 해석할 수 있는 이야기를 만드는 것이 다양한 해석이 가능한 이야기를 만드는 것이 다양한 해석이 가능한 게임을 만드는 것보다 쉽다. 많은 게임이 이야기를 녹여내려다가 프랑켄슈타인을 만들어낸다. 플레이어는 이야기를 건너뛸 수 없으면 게임을 꺼버리곤 한다. 이야기와 게임이 균형을 맞춰 서로를 보완하도록 만들기는 어렵고, 반복해서 플레이하기에는 이야기나 게임이 너무 얄팍한 경우가 자주 발생한다.

게임 디자이너는 창발적 게임플레이, 비선형 스토리텔링,
플레이어가 제작하는 콘텐츠에 대해서 많이 이야기한다.
모두 가능성의 공간을 넓혀 스스로 갱신되는 퍼즐을 만드는 방법이다.

(여기에 만화를 그려 넣으시오.)

- **플레이어를 서로 맞대결시키는 것 역시 흔히 쓰는 방법이다.** 다른 플레이어는 끊임없이 새로운 콘텐츠를 만들어내는 원천이다. 확실한 방법이지만, 숙련도 문제가 고개를 쳐든다. 플레이어는 지는 것을 싫어한다. 플레이어의 능력 수준에 정확하게 맞춰 상대방을 연결하지 못하면 플레이어는 게임을 그만둘 것이다.

- **플레이어가 콘텐츠를 만들게 하는 것 역시 유용하다.** FPS 게임에서 지도를 만든다든가, 롤플레잉 게임에서 캐릭터를 만드는 것처럼 많은 게임이 플레이어가 자신만의 다양한 방식으로 도전하기를 기대한다.

하지만 소용없지 않느냐고? 내 말은 모든 게임 디자이너는 가능성의 공간을 확장하려고 노력하고, 모든 플레이어는 가능한 한 빨리 가능성의 공간을 줄이려고 노력한다는 것이다. 인간의 두뇌는 흥미로운 방식으로 작동한다. 만약 무언가가 예전에 효과가 있었다면 그걸 다시 사용하는 경향이 있다. 과거에 배운 것을 버리는 데 강하게 저항한다. 우리의 마음은 보수적이며, 이러한 경향은 나이가 들수록 점점 더 심해진다. 클레망소, 처칠, 비스마르크 또는 누군가 말했다고 하는 오래된 격언을 들어본 적이 있을 것이다. "20대임에도 진보적이지 않다면 가슴이 없는 사람이다. 40대가 되었을 때 보수적이지 않다면 머리가 없는 사람이다." 뭐, 이 격언에는 상당한 진실이 담겨 있다. 우리는 나이가 들수록 변화에 더 저항하며, 점점 더 배우려 하지 않는다(배우기 어려워진다).*

우리는 과거에 겪었던 문제를 우연히 다시 만나면 가장 먼저 과거에 효과를 본 해법을 시도한다. 심지어 주변 환경이 같지 않더라도 말이다.

사람들이 게임을 망치거나, 게임을 지루하게 만드는 것이 문제가 아니다. 이는 당연한 일이다. 사람들의 진짜 문제는 바로 이것이다.

>   ⋯ 뇌가 계속 배우라고 약물을 뿜어대도⋯
>   ⋯ 아주 어릴 적부터 놀이를 통해 배우는 것을 훈련했음에도⋯
>   ⋯ 뇌가 우리의 삶 전반에 걸쳐 학습해야 한다고 믿을 수 없을 정도로 명확한 피드백을 보 낼에도 불구하고⋯
>   **사람들은 게으르다.**

어쨌든 여러 가지 점에서 말이다. 우리는 알고 있는 답을 잘 버리지 않는다.

사람들이 주어진 퍼즐에 알고 있는 답을
적용하려 시도하는 것은 흥미롭다.

게임 설정 범위 내에서 엄청난 자유도를 제공하는 게임을 보라. 롤플레잉 게임은 거의 제약이 없다. 협업 스토리텔링을 강조하기 때문이다. 원하는 대로 자신의 캐릭터를 구성할 수 있으며, 원하는 배경을 사용하고, 어떤 도전과도 겨룰 수 있다.

그렇지만 사람들은 같은 캐릭터를 반복하고 또 반복하여 사용한다.* 내 친구 한 명은 그 친구를 안 지 십 년이 넘는 동안 수십 가지 게임에서 말이 없는 덩치 큰 캐릭터를 반복해서 사용했다. 쾌활하고 작은 소녀 캐릭터는 한 번도 사용하지 않았다.

사람의 성격이 저마다 달라 각자 다른 게임에 흥미를 느끼는 것은 특정한 두뇌 타입이 특정한 문제를 선호하기 때문은 아니다. 특정한 해결책을 선호하기 때문이며, 해결책이 잘 맞아 상황이 잘 흘러간다면 우리는 방법을 바꾸려 하지 않는다. 이는 계속 변화하는 세계에서 장기적인 성공 전략으로 적합하지 못하다. 생존에 있어서 적응은 핵심이다.

온라인 롤플레잉 게임에서 성별을 바꿔 플레이하는 경우*가 많다. 이를 해결책이라는 관점에서 바라보면 플레이어가 온라인 게임 설정상 나타나는 문제를 풀기 위해 선택할 수 있는 해결책 중 하나가 성별의 선택이기 때문이 분명하다. 어쩌면 성별 표현이 자신과 생각이 비슷한 사람을 만나는 좋은 방법이기 때문일지도 모른다. 예를 들어 남성이 여성 아바타를 선택하는 것은 공감하는 두뇌를 가진 사람을 선호한다는 표현일지도 모른다. 또는 단순히 남성 플레이어가 여성 플레이어의 환심을 사기 위해 선물을 주는 경향이 높다는 통계를 활용하는 것일 수도 있다.

하나의 해결책에 매달리는 것은 생존에 적합하지 못하다. 세상은 빠르게 변하고, 우리는 그 어느 때보다도 다양한 종류의 사람과 교류하고 있다. 이제 진정한 가치는 광범위한 경험과 다양한 관점을 이해하는 데 달려 있다. 편협함은 오해를 일으키므로 사회에 악영향을 끼친다. 오해는 말싸움을 만들고, 말싸움은 화를 내게 하고, 화는 폭력을 부른다.

온라인 RPG 게임에서 모든 플레이어가 캐릭터를 두 가지, 즉 남성 한 명과 여성 명을 받는다고 생각해보자. 결과적으로 세상의 성차별은 더 심해질까, 아니면 덜해질까?

예를 들어 온라인 RPG 게임의 플레이어는 새로운 게임을 하고
또 할 때마다 같은 캐릭터 타입을 플레이하는 경향이 있다.

온라인 RPG 로르샤흐 테스트

우리의 두뇌가 우리를 배신하는 또 다른 사례는 바로 가짜 숙달이 주는 유혹적인 느낌이다.

완전히 숙달된 행동을 하는 것, 존 안에 들어가는 것, 플로우를 느끼는 것은 멋진 경험이다. 누구도 명상이 주는 긍정적인 효과를 부인할 수 없다. 그러나 플레이어가 이미 완벽하게 숙달한 게임을 다시 반복하는 이유가 단순히 자신의 강력한 힘을 느끼기 위함이라면 게임의 원래 목적을 배신하는 것이다. 게임의 목적은 플레이어의 성장을 격려하는 것이지 파워 판타지를 충족시키기 위한 것이 아니다.

하지만 너무나도 유혹적이다. 게임은 '이렇다고 가정'한 범위 안에서만 존재하므로 결과에 책임질 필요가 없다. 각자의 자유 안에서 방탕해질 수 있다. 플레이어를 신으로 만들어준다. 플레이어가 계속 플레이하도록 잘못된 정적 강화를 주기도 한다. 아마 게임은 현실에서 자신의 삶을 통제하고 있다고 느끼지 못하는 사람에게 좀 더 설득력 있게 다가갈지도 모르겠다.

게임은 가상의 아레나에서 자신에게 만족감을 느끼라고 만드는 것이 아니다. 게임은 도전을 제공하고, 게임을 통해 배운 기술을 현실에서 실제 문제에 적용하도록 지원하기 위한 것이다. 시간을 보내려고 이미 승리한 도전을 다시 반복하는 것은 두뇌 기술을 연마하는 생산적인 훈련이 아니다. 그런데도 많은 사람이 그렇게 하고 있다.

어떤 사람은 '추가 포인트'를 얻기 위해 반복하여 플레이하기도 하는데, 이는 새로운 도전을 스스로 만들어 하고 있다는 최소한의 흔적이다. 하지만 무언가를 완벽하게 해내는 지점을 넘어섰다면 게임을 그만두는 게 더 나은 선택일 것이다.

호모 파워루덴스

다양한 서식지에서 발견된다. 주로 소파나 의자, 때로는 오락실에 둥지를 튼다. 핀볼위자디쿠스에서 진화되었다고 추정된다. 일반적으로 무해하며 잡아서 쉽게 키울 수 있다.

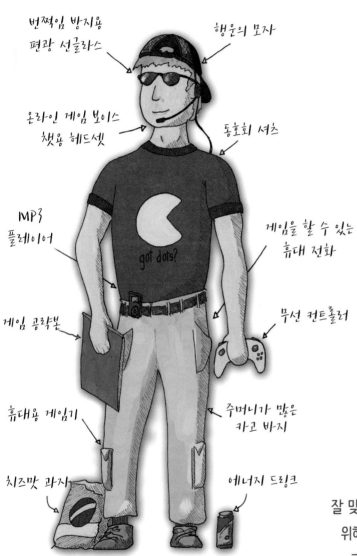

번쩍임 방지용 편광 선글라스

행운의 모자

온라인 게임 보이스 챗용 헤드셋

동호회 셔츠

MP3 플레이어

게임을 할 수 있는 휴대 전화

게임 공략본

무선 컨트롤러

휴대용 게임기

주머니가 많은 카고 바지

치즈맛 과자

에너지 드링크

그리고 게이머가 어떤 게임과 잘 맞는다고 느끼면 그 게임을 마스터하기 위해 필요 이상으로 더 많이 플레이한다. 그 존에 있는 것이 기분 좋기 때문이다.

게임과 게임을 즐기는 사람들 사이에는 다른 형태의 문제들도 많다. 그중 하나는 복잡성이 증가하는 문제로 다양한 장르의 게임에 심각한 영향을 미친다. 대부분의 예술 형식은 아폴로적인 스타일과 디오니소스적인 스타일* 사이에서 진자가 진동하듯이 움직인다. 즉, 예술 형식이 절제되고 형식적인 시대와 화려하고 표현적이며 원초적인 시대가 번갈아 등장한다. 로마네스크 양식에서 고딕 양식으로, 아트 록에서 펑크로, 프렌치 학파에서 인상파로, 대부분의 매체는 이러한 움직임을 보인다.

하지만 게임은 언제나 형식적이다. 게임의 역사적인 트렌드가 보여주듯이 새로운 게임 장르가 등장하면 계속 복잡해지다가 너무 복잡하고 진보한 나머지 새로운 유저가 더는 들어올 수 없을 때까지 진입 장벽이 높아지는 궤적을 따른다.* 이를 '전문용어 요소'*라고 부르는데, 모든 형식 시스템에 공통으로 적용되기 때문이다. 신앙 체계가 만들어져 발전하고, 전문 용어가 사용되면 곧 소수의 교양 있는 사람만이 잘해낼 수 있게 된다.

 대부분의 매체는 이러한 길에서 벗어나기 위해 (문화적인 변화에 더하여) 새로운 형식적 원칙을 개발하였다. 때로는 형식에 대한 지식을 확장하기도 했다. 때로는 이전 매체의 위치를 빼앗는 새로운 경쟁 매체가 개발되기도 했다. 사진으로 인해 예술 미술가가 형식을 급진적으로 재인식해야 했던 것처럼 말이다. 그렇지만 게임에는 이런 움직임이 없다. 그래서 대부분 게임은 복잡성을 향해 거침없이 멈추지 않고 행진한다. 그들만의 용어로 말하고, 복잡한 내용을 마스터하여 늘 최신 상태로 업데이트하는 사람들끼리 신앙 체계를 구축한다.

가끔 게임이 대중의 관심을 끌 때마다 정말 감사할 뿐이다. 솔직히 이러한 신앙 체계라는 것 역시 게임의 존재 의의를 왜곡한 것이기 때문이다. 게임에게 가장 끔찍한 운명은 (그리고 확대하여 우리 인류까지도) 이 게임에 훈련이 된 소수의 엘리트만 플레이할 수 있는 틈새시장 게임이 되는 것이다. 이는 스포츠에도 나쁜 운명이요, 음악에도 나쁜 운명이요, 소설에도 나쁜 운명일 뿐만 아니라 게임에도 나쁜 운명이다.

반대로 게임이 유명한 공상 과학 소설에 나오는 트윙키* 같은 존재일 수도 있다. 아마 아이들은 계속 게임을 하겠지만, 나이 든 사람들은 더는 따라갈 수 없을 것이다. 그리고 우리 같이 나이 든 게임 디자이너는 뒤에 남겨지겠지….

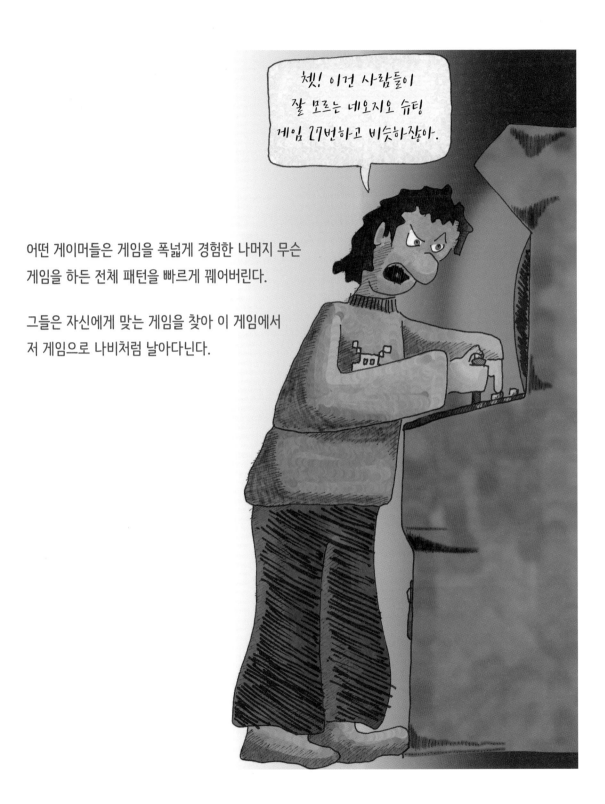

어떤 게이머들은 게임을 폭넓게 경험한 나머지 무슨
게임을 하든 전체 패턴을 빠르게 꿰어버린다.

그들은 자신에게 맞는 게임을 찾아 이 게임에서
저 게임으로 나비처럼 날아다닌다.

이는 인간의 본성이 매체이자 교육 도구인 게임이 성공하는 데 어떻게 지장을 주는지에 대한 사례다. 얄궂게도 이 모두가 가장 큰 영향을 미치는 곳은 가장 그렇지 않을 것 같은 대상, 게임을 누구보다 사랑하는 사람, 즉 게임 디자이너다.

게임 디자이너는 평범한 플레이어보다 게임 하나를 플레이하는 데 쓰는 개인 시간이 적다. 게임 디자이너는 평범한 플레이어보다 게임 엔딩을 많이 보지 못한다. 게임 디자이너는 매우 많은 게임을 샘플로 해보기 때문에 주어진 게임 하나를 플레이하는 데 쓰는 시간이 적다. 그리고 결정적으로 게임 디자이너는 알려진 해법으로 돌아가 버리는 경향이 있다(사업부서의 압력을 결코 무시하지 못하기 때문이다).

게임 디자이너는 기본적으로 내가 '디자이너병'이라고 부르는 병을 앓고 있다. 게임 디자이너는 게임의 패턴에 극도로 민감하다. 게임의 패턴을 즉시 꿰어버리고, 다음으로 넘어간다. 게임 디자이너는 게임의 허구를 넘어서 내부를 매우 쉽게 꿰뚫어 본다. 과거와 현재 게임에 대한 백과사전적 기억을 구성하고, 이 기억을 이론적으로 활용하여 새로운 게임을 만든다.

하지만 게임 디자이너는 보통 새로운 게임을 만들지 못한다. 그들의 경험이 가정의 근거가 되어 그들을 과거에 묶어놓고 있기 때문이다. 두뇌가 게임 디자이너의 청크로 무슨 일을 하는지 떠올려보자. 두뇌는 일반적으로 적용 가능한 해법을 만들어내려고 시도한다. 더 많은 해법을 머릿속에 넣어둘수록 새로운 것을 만들기는 더 어려워진다.

그 결과, 예상했겠지만 비슷한 게임들이 수없이 나타났다. 규칙을 깨기 위해서는 먼저 규칙을 알아야 한다지만, 게임 디자이너는 게임을 체계화하거나 비평하지 않고 길드의 도제 방식으로 일해왔고, 자신이 본 대로 게임을 만들었다. 그리고 결정적으로 투자자나 출판사도 게임을 만들어 파는 것만 생각한다.

오늘날 생산적이고 창의적인 게임 디자이너*는 영감을 얻기 위해 다른 게임에 많이 신경 쓰지 않는다. 창의력은 이종 교배에서 나오지, 같은 아이디어를 반복해서는 나오지 않는다. 게임 디자이너는 게임 자체가 취미이므로 좁은 반향실 안에서 자신의 목소리를 들으며 일하는 꼴이 되었다. 게임을 다른 인간의 성과물과 같은 수준에 두고, 게임 디자이너가 게임 바깥으로 나가 혁신적인 아이디어를 찾도록 해주는 것이 매우 중요하다.

게임 디자이너가 게임 하나를 플레이하는 데는
보통 15분 정도가 걸린다.

분석이 아니라 즐기기 위해 게임을 하는 게
더 어려울지도 모른다.

• Chapter 9 •
맥락 속의 게임

게임 디자인은 하나의 학문 분야로 발전하고 있다. 지난 10년간 게임 디자인에 관한 책이 많이 늘어났고, 비판적인 용어들이 탄생했고, 학술 프로그램이 생겨났다. 현장은 눈 감고 아무 곳이나 찔러보는 접근 방식에서 벗어나, 게임의 작동 방식을 이해하는 방향으로 발전하고 있다.

인간의 다양한 노력을 옆 페이지 표에 간단히 채웠다. 철학적으로 따지면 이 표가 잘못 만들어졌을 수도 있다. 조금만 참아주기를. 세상에는 두 종류의 사람이 있다. 모든 사람을 두 종류로 나누는 사람과 그렇지 않은 사람이다.

어떤 활동을 혼자 할 수도 있고, 타인과 같이할 수도 있다. 타인과 같이한다면 함께 할 수도 있고, 서로에 대항해서 할 수도 있다. 나는 이것을 **협력적, 경쟁적, 단독**이라고 구분했다.

표의 왼쪽에 더 세밀하게 구분해보았다. 당신은 이런 (활동이 허용하는 범위 안에서) 활동의 수동적 소비자인가? 관객인가? 만약 직접 활동하기보다 타인의 활동을 보는 쪽을 선호한다면 활동의 **경험적** 쪽에 속할 것이다. 당신은 경험을 원한다.

당신은 실제로 경험을 만들어내고 있는가? 그렇다면 **건설적인** 활동을 하고 있다. 혹은 경험 부분을 떼어내서, 그 작동 방식만 보는 것일 수도 있다. 나는 이것을 파괴적이라고 부르곤 하지만, 사실은 그렇지 않다. 비록 조금 손상을 입더라도 원본은 그대로 유지되는 경우가 더 많기 때문이다. 그러므로 **해체적**이라고 부르는 게 더 맞을 것이다.

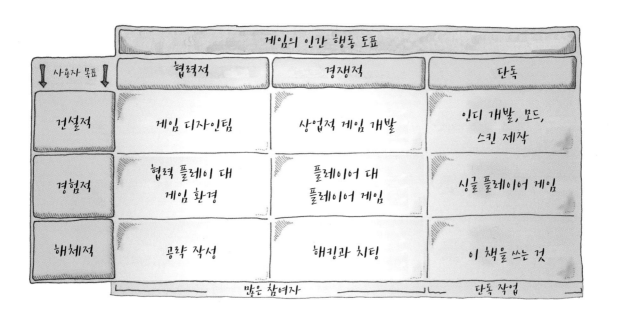

게임의 인간 행동 도표			
↓ 사용자 목표 ↓	협력적	경쟁적	단독
건설적	게임 디자인팀	상업적 게임 개발	인디 개발, 모드, 스킨 제작
경험적	협력 플레이 대 게임 환경	플레이어 대 플레이어 게임	싱글 플레이어 게임
해체적	공략 작성	해킹과 치팅	이 책을 쓰는 것
	많은 참여자		단독 작업

물론 게임을 분석하는 것은 그 게임을 플레이하는
또 다른 방법으로 그 안의 패턴을 찾아내 내보이는 일이다.

두 번째 표는 음악을 어떻게 분석하는지 보여준다. 음악 분석 도표에는 음악 관련 엔터테인먼트가 포진해 있다. 책에 대해서 비슷한 도표를 만든다면 글과 관련된 엔터테인먼트가 들어갈 것이다. 기본적으로 이 표는 어떤 매체에도 적용할 수 있다.

'게임'은 매우 모호한 단어다. 이 책에서는 게임 시스템을 게임과 구분해서 언급하거나(어떤 면에서는) 게임을 게임이게 하는 핵심 요소라고 설명했다. 그러나 '게임 시스템'은 매체가 아니다. 정의에 따르면 게임 시스템은 매체를 활용하는 한 가지 방법이다. 여기서 매체에 '패턴을 가르치는 추상적이고 형식화된 모델' 같은 거추장스러운 표현이 붙었어야 할지도 모르겠다. 나는 '루딕 아티팩트(ludic artifacts)'*라는 용어를 사용하여 '게임 시스템'을 '게임'이라는 모호한 단어와 구별하겠다. 루딕 아티팩트라 하더라도, 즉 화재 대피 훈련이나 중동의 미래를 다룬 CIA 전쟁 게임처럼 반드시 재미있지 않더라도, 여전히 도표 위에 올라갈 수 있다. 이들이 재미있지 않은 이유는 본질보다 구현 방법과 관련이 깊다.

상호작용은 모든 매체에서 발생한다(최소한 일을 하는 것 자체도 상호작용이다). 주도적이고 생산적으로 무대와 관련된 매체와 상호작용하는 것을 '연기'라고 하고, 글과 관련된 매체와의 상호작용을 '작문'이라고 한다. 비디오 게임 디자인 업계는 '저작권을 포기'하고 게임과 '모드'* 개발 커뮤니티에 더 많은 자유를 줘야 하는지 계속 논의해왔다. 여기서 플레이어가 단순히 경험만 하는 것이 아니라 '매체와 상호작용'한다는 중요한 통찰을 얻을 수 있다.

다시 말해, 모드는 게임을 플레이하는 다른 방법일 뿐이다. 마치 동료 작가가 다른 사람 작품의 캐릭터 구성을 재작업해서 파생 소설을 만들거나 팬 소설을 쓰는 일과 같다. 사실은 어떤 종류의 상호작용이 건설적이든(게임 모드 만들기), 경험적이든(게임플레이하기), 해체적이든(게임 해킹하기) 중요하지 않다. 같은 활동을 놀이, 책, 노래에서도 할 수 있다. 문학을 분석하는 행위는 게임을 해킹하는 행위와 매우 유사하다. 요소들을 나눠서 해당 매체가 어떻게 작동하는지 분석하고, 작동 방식을 이해하고, 메시지를 담고, 재구현함으로써 작가가 의도한 것과 다른 무언가를 나타내기도 하기 때문이다.

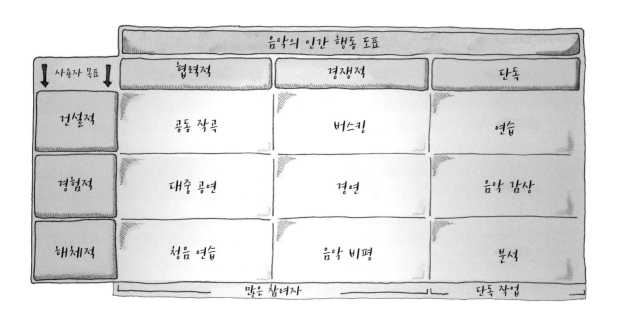

음악의 인간 행동 도표			
↓ 사용자 목표 ↓	협력적	경쟁적	단독
건설적	공동 작곡	버스킹	연습
경험적	대중 공연	경연	음악 감상
해체적	청음 연습	음악 비평	분석
	많은 참여자		단독 작업

이는 다른 어떤 매체에서도 마찬가지고,
사실 인간의 노력이 닿는 어떤 영역에서도 마찬가지다.

첫 번째 표의 활동은 비록 그 활동에서 패턴을 학습하지만, 보통 '재미'있다고 여기지 않는다. 우리는 이 자리에서 곡을 연주하고, 소설을 쓰고, 그림을 그리는 것이 재미있는지 아닌지 토론할 수도 있다. 나는 토론 자리에서 이 세 가지를 연마하는 과정은 고된 작업이며, 보통 재미있는 활동이라고 여기지 않는다고 말할 수 있다. 그러나 나는 이런 활동에서 대단히 큰 성취감을 얻는다. 이것은 아마 〈햄릿〉 무대를 보거나, 〈로드 짐〉*을 읽거나, 〈게르니카〉*를 감상하는 것과 비슷할 것이다. 즉, 풍성하고 도전적이어서 학습의 기회가 된다고 여길 만한 시스템과 상호작용하는 것이다.

등골이 서늘한 느낌이 항상 즐거움을 나타내는 신호는 아니다. 비극이나 큰 슬픔이 원인일 때도 있다. 패턴을 인식한 순간, 몸이 그 신호로 서늘함을 느낀다. 글쓰기가 반드시 재미있는 것은 아니지만, 작가에게는 무언가 가치 있는 일이고, 몇 시간이나 피아노 연습을 하는 것이 재미있지는 않아도 만족감을 주는 것처럼, 게임과 상호작용하는 것도 재미가 없더라도 성취감을 주고, 생각하게 하며, 도전적이고, 어렵고, 고통스럽고, 심지어 눈을 뗄 수 없는 일일 수도 있다.

다시 말해 게임은 우리가 알아채지 못하는 형태를 취할 수도 있다. 게임은 '게임'이나 '소프트웨어 장난감'*에 머물지 않는다. '게임'의 정의는 '장난감', '스포츠', '취미' 등의 의미도 포함한다. 일반적으로 생각하는 '게임'의 정의에는 표 일부만 담길 뿐이다. 표의 모든 영역이 누군가에게는 재미있을 수 있다. 우리는 게임을 더욱 넓게 생각해야 한다. 그렇지 않으면 게임이 가진 매체로서의 가능성을 많이 놓치게 될 것이다.

게임과 관련된 평단과 학계의 성장이 중요한 이유는 이들이 더해져 게임이 인류의 다른 업적과 어깨를 겨눌 수 있기 때문이다. 이는 매체로서 출발한다는 신호다. 게임이 얼마나 우리 주변에 오래 있었는지를 생각해보면 약간 늦은 감도 없지 않다.

일단 게임을 매체로 본다면 예술을 담을 수 있을지 고민해야 한다. 다른 모든 매체는 예술을 담을 수 있기 때문이다.

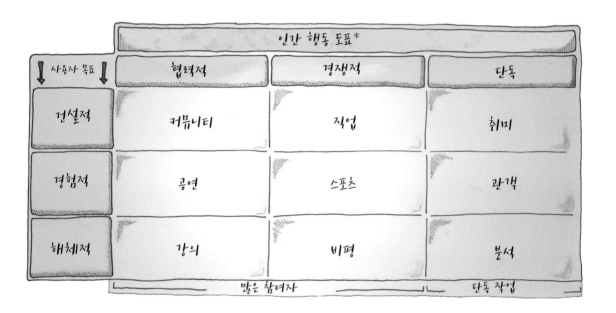

인간 행동 도표*			
↓ 사용자 목표 ↓	협력적	경쟁적	단독
건설적	커뮤니티	직업	취미
경험적	공연	스포츠	관객
해체적	강의	비평	분석
	많은 참여자		단독 작업

이를 보면 게임 비평은 의미가 있을 뿐만 아니라
칭찬할 만한 일이다.

더 잘할 수 있는 방법을 찾아야 한다.

* 음, 하나의 인간 행동 도표, 아무튼

예술을 규정하는 일은 까다롭다. 기본부터 시작해보자. 예술의 목적은 무엇인가? 소통하는 것이다. 이는 예술의 정의에 내재된 본질적인 것이다. 그리고 (이 책의 전제를 받아들인다면) 게임의 근본 목적 또한 더 잘 소통하기 위한 것이다. 의미를 전달하기 위한 상징적인 논리 집합을 만들어내는 것이다.

어떤 게임 옹호자는 게임이 상호작용하는 것이고, 그렇기에 특별하다고 주장한다. 또 어떤 사람은 상호작용성이야말로 게임이 예술이 될 수 없는 이유라고 하는데, 예술은 작가의 의도와 통제에 의존하기 때문이다. 양쪽 주장 모두 헛소리다. 모든 매체는 상호작용한다.* 표를 다시 보라.

그러면 예술은 무엇인가? 내가 보기에는 단순하다. 매체는 정보를 준다. 엔터테인먼트는 안락하고 단순화된 정보를 준다. 예술은 도전적인 정보, 습득하려면 생각해야 하는 정보를 준다. 예술은 특정한 매체를 사용하여 그 매체의 제약 조건 내에서 소통하며, 때로는 그 매체 자체에 대한 생각을 전달하기도 한다(다시 말해, 예술의 형식주의적 접근이다. 많은 현대 예술이 이 영역에 포함된다).

매체가 메시지의 본성을 결정하지만 메시지는 구상주의적일 수도, 인상주의적일 수도, 서사적일 수도, 감성적일 수도, 지적일 수도, 다른 무엇이든 될 수 있다. 어떤 예술 작업은 홀로 만들어내고, 어떤 작업은 협력해서 만들어낸다(나는 모든 예술이 어느 정도는 협력적일 수 있다고 생각한다). 그리고 어떤 매체는 말 그대로 다양한 영역의 전문가와 협력하여 만들어지는데, 다양한 매체를 활용하지 않고서는 완성할 수 없기 때문이다. 영화가 그런 매체다. 그리고 게임도 그렇다.

비디오 게임이 예술의 형식이 될 수 없는 이유로 가장 많이 듣는 말은 게임은 그저 재미를 위한 것이라는 말이다. 게임은 그저 즐기기 위한 것일 뿐이다. 나는 이러한 생각이 재미를 과소평가한, 얼마나 위험한 생각인지 그 이유를 이미 밝혔다고 생각한다. 그러나 대부분 음악도 그저 즐기기 위한 것이며, 대부분 소설도 그저 재미있자고 읽는 것이고, 대부분 영화도 그저 현실도피를 위한 것이며, 심지어 대부분 예쁜 그림은 그저 예쁠 뿐이다. 대부분의 게임이 그저 오락물이라는 사실이 모든 게임이 그런 운명이라는 뜻은 아니다.

우리는 게임이 예술이 되어야 한다는 갈망을 놓고 토론한다.
게임을 정답이 정해져 있지 않은 퍼즐, 그 자체에 해석이
필요한 퍼즐로 만들고자 하는 갈망이다.

사느냐,
죽느냐…

그저 오락물이라도 전달하는 요소가 새롭거나 진짜 잘 만들어졌다면 예술이 된다. 정말 단순하다. 그러한 작품은 사람들이 주변 세계를 인식하는 방식을 바꾸는 힘이 있다. 그리고 이러한 점에서 비디오 게임보다 더 강력한 매체를 상상하기는 힘들다. 거기에는 선택에 따라 반응하는 가상의 세계가 펼쳐져 있기 때문이다.

'잘 만들어진'과 '새로운'은 기본적으로 창작이다. 잘 만들어진 오락물도 예술의 경지에는 오르지 못하는 경우가 있다. 대체로 예술의 높은 경지는 더욱 은밀한 성과물이다. 돌아보고 또 돌아보더라도 여전히 새로운 것을 배울 수 있다. 게임에 비유하면, 마치 계속해서 다시 플레이하더라도 여전히 새로운 것을 발견하는 게임과 같다.

게임은 닫힌 형식 시스템이므로 이와 같은 의미의 예술은 될 수 없을지 모른다. 그러나 나는 그렇게 생각하지 않는다. 내 생각에 이는 우리가 게임을 통해 무엇을 이야기할지 정해야 한다는 뜻이다. 크고, 복잡하며, 해석의 여지가 있으면서, 정답이 정해져 있지 않은 무언가를 말이다. 그리고 플레이어가 게임과 상호작용하고 난 후에 다시 돌아와 기존의 도전에서 새로운 측면을 발견할 수 있어야 한다.

그것이 무언가 창작을 넘어서 예술의 경지에 이르는
순간을 가장 잘 정의하는 것인지도 모른다.

* 7세 때 엘레나가 그린 그림

그런 게임은 어떤 것일까?

생각하게 하는 것

숨어있던 것을 드러내어 알려주는 것

사회의 공익에 이바지하는 것

상식을 다시 생각해보게 하는 것

해볼 때마다 색다른 경험을 주는 것

사람마다 자기만의 방법으로 시도해보게 하는 것

오독을 용인하는 것, 심지어 그것을 장려하는 것

지시하지 않는 것

몰두하게 하고, 세계를 보는 관점을 바꾸는 것

그것이 해석의 대상이 되는 지점

추상적이고 형식적인 시스템은 이를 이룰 수 없다고 말하는 사람도 있다. 그러나 나는 바람이 하늘을 가로지르며 나뭇잎을 날리는 것을 보았다. 몬드리안* 이 색색의 사각형만으로 그린 그림을 보았다. 하프시코드로 연주한 바흐를 들어보았다. 소네트의 리듬을 따라가 보았다. 춤의 스텝을 따라해 보았다.

모든 매체는 추상적, 형식적 시스템이다. 거기에는 문법, 방법, 작법이 있다. 언어의 규칙이든, 음악의 이끔음* 규칙이든, 화면 구성 규칙이든 모두 지켜야 하는 규칙이 있다. 이런 규칙을 가지고 놀면서 종종 놀랍고 새로운 면모를 끌어낸다.

모든 예술가는 창작할 때 제약을 가한다. 우편 소인을 종이에 찍을지 혹은 넓은 캔버스지에 찍을지, 가사를 운율에 맞출지 자유롭게 쓸지, 피아노를 사용할지 기타를 사용할지 같은 것이 그 예다. 사실 제약을 정하는 것은 창의성을 북돋우는 효과적인 방법 중 하나다.

게임 역시 이런 특징을 공유한다. '원 버튼 게임 만들기', '동전과 카드 한 벌만으로 게임 만들기', '정확한 덮개*를 만족하는 게임 디자인' 등이다.

추상화와 형식화를 단순하게 보지 말자.

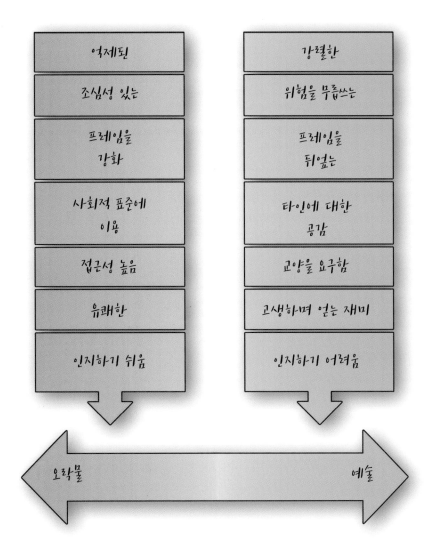

사실 가장 어려운 퍼즐은 자기 자신을 돌아보게 하는 퍼즐이다. 그런 퍼즐은 다양한 측면, 즉 정신력, 정신적 민첩성, 창의성, 끈기, 육체적 지구력, 감정의 자제력 면에서 깊은 도전을 제시한다. 다른 매체에서 이런 것들은 앞서 나온 표의 상호작용 영역에 해당한다.

창조적인 활동을 생각해보자.

창조적인 활동은 인간의 성과물 중 굉장히 성취하기 어려운 것 중 하나다. 그러나 매우 본능적인 활동 중 하나이기도 하다. 어릴 때부터 우리는 패턴을 좇기만 하는 것이 아니라 새로운 것을 만들어내려고 시도한다. 크레용으로 낙서하고, 노래를 들으며 마음대로 흥얼거린다.

게임을 플레이하는 것, 최소한 좋은 게임을 플레이하는 것은 본질적으로 창의적인 활동이라는 사실이 게임이라는 매체를 잘 설명해준다. 잘 만들어진 게임은 그저 지시대로 하는 것이 아니다. 좋은 게임은 유저가 주어진 도구를 사용해 반응을 창조해내도록 만든다. 그림에 반응하는 것보다는 게임에 반응하기가 더 쉽다.

어떤 예술 매체도 유저에게 한 가지 영향만 주려고, 이를테면 '재미'만 주려고 만들지는 않는다. 매체들은 다양한 정서적 영향력을 내포하고 있다. 여기서 '재미'라는 단어를 더 분명히 정의할 수도 있지만, 나는 좀 더 형식주의적* 관점을 통해 매체를 구성하는 기본 요소에 접근하고자 한다. 형식주의적 관점에서 보면 음악은 소리와 침묵이 정렬된 것이고, 시는 단어와 단어 사이의 공백을 배열하는 것으로 생각할 수 있다.

우리가 게임을 구성하는 기본 요소, 즉 플레이어와 게임 디자이너가 매체와 상호작용하는 데 활용하는 요소들을 더 잘 이해할수록 게임은 예술의 경지에 가까이 다가갈 것이다.

삶에는 이런 퍼즐들이 많다. 책을 한 번 써보라.

어둡고 폭풍이 몰아치는 밤이었다.

어떤 사람들은 이런 내 생각에 아주 격렬하게 반대한다.* 그들은 게임의 예술성이 시스템의 형식적 구성에 있다고 생각한다. 시스템을 더 예술적으로 구성할수록 게임이 예술에 더 가까워진다는 것이다.

게임을 다른 매체가 요구하는 맥락 속에서 보려면 이런 관점을 고려해야 한다. 이런 관점을 문학에서는 **순문학적**(belles-lettristic)* 관점이라고 한다. 문학 쪽에도 시의 아름다움은 오직 소리에 있지 의미에 있는 것이 아니라고 생각하는 사람들이 있다.

그러나 소리의 형태에도 맥락을 부여할 수 있다. 잠시 벗어나서 다른 매체를 살펴보자.

인상파* 회화는 보이는 것, 모사하는 것과 거리가 멀다. 현대 이미지 프로세싱 도구는 인상파 화가가 사용하던 형식적 작업(포스터라이제이션(posterization)* 같은 다른 많은 후반 작업)을 **필터**라고 부른다. 인상파 회화는 사물이나 장면 자체가 아니라 사물이나 장면을 **비추는 빛의 활동**을 묘사한다. 인상파 회화는 색의 무게, 균형, 소실점, 무게 중심, 시선의 중심 같은 구성의 모든 규칙을 여전히 지키는 한편, 핵심에서 사물이나 장면 자체를 그리는 일을 피함으로써 최종 결과물에는 나타나지 않도록 한다.

인상파 음악은 주로 반복에 기반을 둔다. 인상파 음악은 필립 글라스부터 일렉트로니카에 이르기까지 미니멀리스트 스타일 전반에 영향을 미쳤다. 인상파 음악의 정수는 드뷔시*에 있다. 다양하게 강조된 오케스트레이션, 극단적으로 복잡한 크로마틱 화성, 매우 반복적인 주 선율 등이다. 라벨의 관현악 작품은 아마도 인상파 스타일의 전형일 것이다. 라벨*의 '볼레로'는 같은 악절이 계속 반복되는데, 화성과 선율이 같다. 오케스트레이션은 조금씩 변하지만, 강약은 반복할 때마다 다르다. 작품 전체를 통해 느껴지는 크레셴도는 이 반복을 통해 극대화된다.

Id Est
R. Koster

혹은 음악을 작곡해보라.

물론 '인상파' 작가도 있다. 버지니아 울프*, 거트루드 스타인* 같은 많은 작가가 등장인물은 이해할 수 없다는 사상하에 글을 썼다. 〈제이콥의 방〉과 〈앨리스 B. 토클라스의 자서전〉 같은 책은 자아에 대한 개념을 확립하고, 타인은 본질적으로 이해할 수 없다는 사실을 깨닫게 했다. 그러나 그들은 또 다른 인식 가능성의 개념, 즉 인식하는 새로운 방법을 제시했다. '네거티브 스페이스(negative space)', 즉 주변의 섭동을 관찰함으로써 형식을 이해하고 본질을 파악할 수 있다는 것이다. 이 용어는 사진 예술계에서 사용하는 말로, 현실을 재현하는 문제를 논의할 때 많은 영감을 준다.

이 모든 것은 같은 원리로 정리된다. 네거티브 스페이스, 중심 주제 주변의 공간 꾸미기, 섭동과 반향을 관찰하는 것 모두 마찬가지다. 그 원리는 각 시대의 시대정신*이었다. 그 접근 방법은 모호하기는 하지만, 예술 형식을 다른 예술 형식으로 빌리려는 의식적인 노력이었다. 이러한 노력은 광범위한 영역에서 일어났는데 어떤 예술 형식도 홀로 존재할 수 없기 때문이다. 예술은 서로의 장르를 넘나든다.

인상파 게임도 만들 수 있을까? 다음과 같이 정형화된 시스템을 내포하고 있는 게임 말이다.

- 이해하고자 하는 객체를 보거나 묘사할 수 없다.
- 네거티브 스페이스가 실제 형태보다 더 중요하다.
- 변화를 주며 반복하는 것이 이해하는 데 가장 중요하다.

답은 물론 가능하다. 〈지뢰찾기〉*가 바로 그런 게임이다.

혹은 사랑하는 이를 이해해보라.

흥...

(이 모든 것이
소통의 문제임을
눈치챘는가?)

결국, 게임이 시도하는 노력은 다른 예술 형식에서 시도하는 노력과 유사하다. 근본적인 차이는 게임이 형식적 시스템으로 구성되어 있다는 것이 아니다. 다음 용어를 살펴보라.

- 운율, 운, 강강격, 불완전운, 의성어, 휴지, 단장격, 강약격, 5보격, 론델, 소네트, 연
- 음소, 문장, 강세, 마찰음, 단어, 절, 목적어, 주어, 구두점, 격, 과거 완료, 시제
- 박자, 늘임표, 키, 음표, 박자, 콜로라투라, 관현악 편성, 편곡, 음계, 선법
- 색, 선, 비중, 균형, 감탕, 복제, 가법, 굴절, 완결성, 모델, 정물화, 원근법
- 규칙, 레벨, 점수, 성대, 보스, 생명, 파워업, 습득, 보너스 라운드, 아이콘, 유닛, 카운터, 점수

자신을 속이지 말자. 소네트는 게임만큼이나 많은 형식적 시스템에 갇혀 있다.

다른 매체와 비교해볼 때 게임의 큰 아이러니는 게임 디자이너에게 허용하는 범위가 적다는 것이다. 즉흥으로 꾸미기도 어렵고, 주장하기도 어렵다. 게임 시스템은 특정한 것을 다루기는 어렵고, 일반적인 것을 전달하기 좋다. 소수가 다수를 상대해서 승리하거나 패배하는 게임을 만들기는 쉽다. 그것은 아주 소중하고 개인에게 의미 있는 작품이 될 수도 있다. 그러나 추상적 루딕 아티팩트가 영화 〈라이언 일병 구하기〉처럼 제2차 세계대전 중 적진에 떨어진 아군 한 명을 구하기 위해 간난 신고하는 부대 이야기를 특별한 저작 도구의 도움 없이 전달하기는 매우 어렵다. 게임 시스템 디자인을 표현 매체로 활용하고 싶은 디자이너라면 화가, 음악가, 작가들이 하는 것처럼 매체의 강점이 무엇이고, 매체를 통해 어떤 메시지를 잘 전달할 수 있을지 배워야 한다.

혹은 게임을 디자인해보라.

· Chapter 10 ·
엔터테인먼트의 윤리

실제로 추상적인 수준으로 한정하여 게임과 상호작용하는 사람은 없다. 옆 페이지에 있는 게임 추상화 도식처럼 게임을 하는 사람은 없다. 사람들은 작은 우주선과 레이저 탄환, 꽝 터지는 물건들이 나오는 게임을 한다. 게임플레이의 핵심은 내가 정의하고자 하는 '재미'와 관련된 감정, 즉 퍼즐을 배우고, 상황에 따른 대응 방안을 숙련하는 과정에서 얻는 감정에 있을지도 모른다. 하지만 재미 이외에 다른 것이 게임플레이의 전반적인 경험에 이바지하지 않는다는 의미는 아니다.

사람들은 열심히 광택을 낸 바둑알로 나무판 위에서 바둑 두기를 좋아하며, 〈반지의 제왕〉 체스 세트나 유리로 된 중국 장기 세트 같은 것을 사고 싶어 한다. 게임을 플레이하면서 겪는 미적 경험은 중요하다. 정교하게 조각된 게임 말을 집어 들었을 때 당신은 즐거움의 다른 형태인 미적인 감동이라는 관점에서 반응한다. 탁구 시합에서 팔을 한계까지 뻗어 상대방 탁구대에 공을 꽂아 넣을 때는 본능적인 흥분을 느낀다. 골을 넣은 팀 동료의 등을 두드리며 축하할 때는 사회적 위치를 드러내기 위한 미묘한 사교댄스에 참여하는 것이다.

우리는 이러한 것을 다른 매체를 통해서도 알고 있다. 노래를 부르는 사람이 중요한 이유는 전달자가 중요하기 때문이다. 내용은 똑같지만, 염가판보다 양장본을 더 가치 있게 여긴다. 실제 암벽을 오르는 암벽 등반과 벽에 붙은 가짜 암벽을 오르는 실내 암벽 등반은 느낌이 다르다.

게임을 만든다는 것은 단지 메커니즘만 만드는 것이 아니다.

많은 매체에서 콘텐츠를 표현하는 방식은 콘텐츠를 최초로 창작한 사람 손에서 벗어난다. 창작자에게 발언권이 있는 매체도 있지만, 대부분은 콘텐츠 자체를 만든 사람과 별도로 특정한 사람이 전체적인 경험을 만들어내는 역할을 한다. 이 사람은 콘텐츠만 만들어낸 창작자보다 최종 결과물에 대해 더 많은 권한을 가진다. 영화에서는 감독이 각본가를 이기며, 교향곡에서는 지휘자가 작곡가를 이긴다.

콘텐츠를 디자인하는 것과 최종 사용자 경험을 디자인하는 것은 다르다.

게임 디자인팀 역시 이런 방식으로 구성되어 있다. 게임의 전체적인 경험에 영향을 미치는 중요한 요소가 매우 많으므로 루딕 아티팩트를 만드는 디자이너 혼자 전반적인 형태를 만들 수는 없다.

플레이어는 허구 아래 숨겨져 있는 메커니즘을 꿰뚫어 보지만, 그렇다고 허구가 중요하지 않다는 뜻은 아니다. 영화를 생각해보면 일반적으로 영화는 다양한 형식 체계에서 기교와 감정 전달을 목표로 하므로 카메라는 관객의 눈에 보이지 않고 관객이 인지하지 못하도록 최선을 다해야 한다.* 영화에서 카메라 묘기가 대중의 시선을 끄는 경우는 매우 드물며, 이러한 경우가 발생하더라도 특정한 의도가 있을 경우로 한정된다. 예를 들어 촬영 기사와 영화감독은 대화 중 화면 구도를 잡을 때 듣는 사람의 어깨 바로 위에 카메라를 배치한다. 이는 심리적인 근접 효과를 창출한다. 잘 구성될 경우 관객들은 양쪽에서 진행되는 대화가 사실 개별적으로 촬영되었다는 것을 눈치채지 못한다. 이는 영화의 '문법'의 일부다.

좋든 나쁘든 시각적 표현과 은유도 게임에서 사용하는 문법의 일부다. 게임을 설명할 때 우리는 형식적 추상 시스템만 가지고 설명하지 않는다. 전반적인 경험이라는 관점에서 설명한다.

외양은 매우 중요하다. 체스 말이 다양한 종류의 코딱지 모양이었다면 지금처럼 오랫동안 인기를 끌지 못했을 것이다.

효과를 얻기 위해 여러 가지 예술 분야를 섞어 사용하는 다른 예술 분야와 게임을 비교해보면 둘 사이에 비슷한 점을 많이 발견할 수 있다. 무용을 예로 들어보자. 무용에서 '콘텐츠 창작자'를 안무가라고 부른다(예전에는 댄싱 마스터라고 불렀지만 현대 무용에서 고전 발레 용어를 싫어해서 용어가 바뀌었다). 안무가는 전문 분야로 인정받는 영역이다. 사실 안무가는 오랜 세월 동안 무용을 표기할 수 있는 시스템이 없어서 어려움을 겪었다.* 마스터가 학생에게 전수하는 것 외에는 온전하게 복제할 방법이 없었으므로 무용의 역사에서 많은 부분이 소실되었다.

그런데도 무용에서의 최고 지위자는 안무가가 아니다. 여기에는 너무나도 많은 변수가 존재한다. 예를 들어 수석 발레리나*가 그렇게 중요한 위치를 차지하는 데는 다 이유가 있다. 배우가 대사를 말하듯이 무용수는 춤을 춘다. 전달력이 부족하면 경험이 엉망이 된다. 즉, 악필이 글자의 의미를 모호하게 만들듯이 전달력이 나쁘면 의미도 망가진다.

무대의 배경이 호숫가인 〈백조의 호수〉는 배경 없이 공연되는 〈백조의 호수〉와 다른 경험을 준다. 여기에도 역시 인정받는 전문 영역이 존재한다. 바로 무대 디자이너다. 그리고 조명과 캐스팅, 의상, 곡 연주 등의 영역이 있다. 안무가는 춤을 만드는 사람일지는 모르나, 최종적으로는 감독이 **무용**을 만든다고 할 수 있다.

게임도 마찬가지다. 아마 게임에서도 새로운 전문 용어를 사용하게 될지도 모른다. 대형 프로젝트에서는 게임 시스템 디자이너, 콘텐츠 디자이너, 리드 디자이너나 크리에이티브 디렉터(그래픽 디자인 같이 다른 영역에서는 다른 의미가 있으므로 문제가 될 수 있는 용어다), 작가, 레벨 디자이너, 월드 빌더, 그 밖에 또 뭐가 있는지 모르겠지만, 이렇게 역할을 나눈다. 만약 게임이 형식적인 추상 시스템 디자인만으로 만들어진다고 생각한다면 시스템 디자이너가 유일한 게임 디자이너일 것이다. 게임의 형식적 핵심 요소에 대해 '안무(choreography)'에 견줄 만한 새로운 용어를 만들어 반영한다면 아마 이러한 용어에 기반을 두어 직함도 새로 만들어야 할 것이다.*

조명

캐스팅

의상

무대

음악

안무

예를 들어 무용이라는 형식의 핵심은 안무지만,
우리는 무용에서 안무가 전부라고 말하지 않는다.

이 모든 것은 게임의 핵심인 루뎀과 외양 간의 부조화*가 사용자 경험에 심각한 문제를 발생 시킬 수 있다는 것을 시사한다. 또한, 내용의 주제와 외양의 적절한 선택은 전체적인 경험을 강화하고, 플레이어가 학습 경험을 좀 더 직접적으로 느끼게 해줄 수 있음을 의미한다.

게임의 기본 메커니즘은 의미를 전달하는 도구지만, 상당히 추상적이라는 데 한계가 있다. 조준하는 게임은 조준하는 게임일 뿐이며, 여기서 벗어나지 않는다. 조준하는 게임이 총을 쏘지 않게 만드는 건 힘들다. 하지만 벗어나서 만든 게임도 있다. 총으로 총알을 쏘는 대신 카메라로 사진을 찍는 게임이 있다.*

게임이 진정한 매체로 발전하기 위해서는 외양뿐만 아니라 루뎀을 더 개발해야 한다. 하지만 게임 산업계는 대부분 시간을 외양을 개선하는 데 투자해왔다. 각각의 게임은 더 나은 그래픽과 더 향상된 이야기와 더 멋진 구성과 더 좋은 음향 효과와 음악, 더 충실해진 환경, 더 다양한 콘텐츠와 더 많은 시스템을 갖게 되었다. 하지만 시스템 자체에서는 혁신을 찾아보기가 어렵다.

이는 다른 쪽 도끼날을 가는 게 이득이 없어서가 아니다. 단지 게임 시스템 그 자체의 형식 구조를 개선하는 진짜 도전보다 다른 쪽으로 개선하는 것이 상대적으로 쉽기 때문이다. 이러한 새로운 개선들이 종종 전체적인 경험을 개선하기도 하지만, 이는 16트랙 레코더가 작곡에 혁명을 일으켰다고 말하는 것과 비슷하다. 그런 건 없었다. 편집과 제작 방식은 혁명적이었으나, 데모 버전은 지금도 여전히 한 사람이 피아노나 기타를 치면서 만든다.

게임의 재미를 엄격한 시각으로 테스트할 수 있는 가장 좋은 방법은 그래픽과 음악, 이야기 등 아무것도 없는 게임을 플레이해보는 것이다. 그래도 재미있다면 그밖에 나머지 요소들은 핵심 재미 요소에 중심점을 제공하고 정제하며 힘을 실어주고 증폭하는 것을 도우면 된다. 하지만, 세상의 어떠한 양념도 양상추 요리를 칠면조 요리로 바꿀 수는 없다.

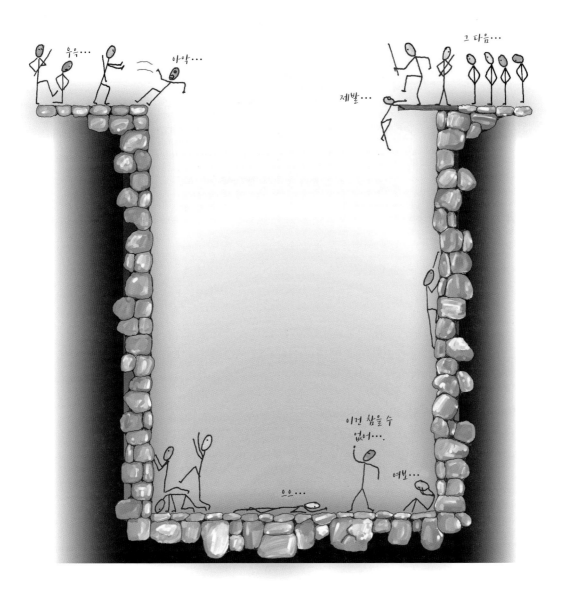

희생자를 우물에 집어던지고,
희생자들이 서로를 밟고 우물을 기어올라야 하는
대량 학살 게임을 생각해보자.

윤리적인 책임은 책임자에게 물어야 한다. 살인 시뮬레이터, 여성 혐오, 전통적 가치의 약화 등 게임을 둘러싼 윤리적인 질문은 게임 자체를 대상으로 해서는 안 된다. 게임의 외양을 대상으로 해야 한다.

언제나 추상 시스템 디자이너가 이러한 항의를 듣게 되는데, 이는 잘못된 것 같다. 힘의 벡터와 영역을 표시하는 표식에는 그 어떤 문화적인 요소도 없다. 항의는 방향을 잘못 잡았다. 항의는 전체적인 사용자 경험을 만드는 사람, 감독에 준하는 사람에게 전달되어야만 한다.

감독에게 항의를 전달하는 것은 당연하다. 소설의 작가, 영화의 제작자, 무용의 감독, 그림의 화가에게도 적용되는 기준이다. 콘텐츠의 허용 한계에 대한 문화적인 논쟁은 타당하다. 우리는 모두 표현 방식에 따라 다른 경험을 얻는다는 것을 알고 있다. 만약 무용을 안무에 연출과 의상 등을 모두 합친 것으로 생각한다면, 게임이라는 예술도 루뎀에 연출과 원화 등이 모두 합쳐진 것으로 생각해야 한다.

게임의 기본 메커니즘은 의미를 결정하지 않는다. 사고 실험을 한 번 해보자. 가스실처럼 생긴 우물에서 진행되는 대량 학살 게임을 떠올려보자. 플레이어인 당신은 가스실로 무고한 희생자들을 떨어뜨린다. 희생자는 모두 크기와 생김새가 다르다. 희생자 중에는 늙은 사람도 있고, 젊은 사람도 있으며, 뚱뚱하거나 길쭉한 사람도 있다. 바닥에 떨어진 희생자들은 우물 밖으로 나오기 위해 서로를 붙잡고 인간 피라미드를 만든다. 희생자들이 밖으로 나오면 게임은 끝나고 당신은 게임에서 진다. 하지만 당신이 희생자들을 촘촘히 잘 쌓으면 맨 밑에 있는 희생자들은 가스에 질식해서 죽는다.

나는 이 게임을 하고 싶지 않다. 당신은 어떤가? 이 게임은 또 하나의 테트리스일 뿐이다.* 효과가 충분히 증명된 우주적인 게임 디자인 메커니즘을 이렇게 불쾌한 전제하에 사용할 수도 있다. 나는 게임의 예술이 순수하게 메커니즘에서 나온다는 사람에게 영화는 촬영 기술이나 각본, 연출이나 연기만의 예술이 아니라고 말하고 싶다. 마찬가지로 게임도 총체적인 예술이다.

카메라맨(또는 게임 기획자)의 기술이 덜 중요하다는 말이 아니다. 사실 영화를 구성하는 성분 예술 중 어느 하나라도 서로를 끌어올려 모두 최고 수준에 이르는 데 실패하면 그 영화는 실패한다.

메커니즘은 테트리스일 수도 있지만, 경험은 매우 다르다.

위험한 건 속물근성이다. 우리가 계속 게임을 하잖은 엔터테인먼트로 여긴다면 나중에는 게임을 음란물처럼 사회적 규범에서 벗어난 것으로 여기게 될 것이다. 우리가 외설임을 판단하는 기준은 사회적 가치를 보완하는지 아닌지다. 게임의 양념은 사회적 가치를 가지고 있을 수도 있고, 가지고 있지 않을 수도 있다. 루뎀 그 자체도 사회적 가치를 가지고 있다는 것을 이해하는 게 중요하다. 이러한 기준에서 좋은 게임은 양념과 상관없이 사회적 규범 테스트를 통과해야 한다. 모든 매체의 창작자에게는 자신의 창작물을 책임져야 한다는 사회적 의무가 있다. 최근 개발된 '혐오 범죄 슈팅 게임'*을 생각해보자. 이 게임에서 적은 창작자가 혐오하는 민족 또는 종교 집단으로 표현된다. 이 게임의 메커니즘은 낡고 지루하며 어떠한 새로운 것도 제공하지 않는다. 분명 의도적으로 만든 게임이므로 우리는 논란의 여지 없이 이 게임이 혐오 발언 게임이라고 간주할 수 있다.

문제가 되는 경우는 게임이 멋진 게임플레이와 불쾌한 내용을 모두 가지고 있을 경우다. 이때 가장 일반적인 옹호는 게임이 플레이어에게 심각한 영향을 미치지 않는다고 주장하는 것이다. 이는 사실이 아니다. 모든 매체는 수용자에게 영향을 준다. 하지만 가장 큰 영향력을 끼치는 것은 거의 언제나 그 매체의 **핵심**이고, 나머지는 뭐 양념일 뿐이다.

모든 예술 매체는 영향력이 있으며 자유 의지 역시 사람들이 말하고 행동하는 데 영향을 미친다. 오늘날 게임은 표현 방식이 매우 좁은 것처럼 보인다. 하지만 이를 키워보자. 사회는 수십 년 동안 미국 내 만화 매체의 성장을 저해한 만화법 같은 멍청한 짓을 더 이상 해서는 안 된다.* 모든 예술가와 비평가가 예술이 사회적 책임을 져야 한다는 데 동의하지는 않는다. 만약 그런 협약이 있었다면 에즈라 파운드(역주: 미국의 시인이었으나 제2차 세계대전에 반미 활동 혐의로 체포됨)* 체포, 프로파간다 예술에 대한 정당성, 개인 생활이 문란하거나 막돼먹은 예술가를 예술가로서 존중해주어야 하는지 같은 논란은 없었을 것이다. 우리가 게임이나 TV, 또는 영화가 사회적 책임을 져야 하는지 아닌지에 대해 고민하는 건 그리 놀라운 일이 아니다. 아주 먼 옛날 우리는 시에 대해 같은 질문을 던졌지만, 아무도 그 답에 대한 합의를 끌어내지는 못했다.

이에 대한 건설적인 행동은 역효과를 만들지 않도록 게임의 경계를 부드럽게 넓히는 것이다. 이러한 방식으로 우리는 〈로리타〉, 〈호밀밭의 파수꾼〉, 〈지옥의 묵시록〉을 얻어냈다. 게임은 하나의 매체로 진지하게 받아들여질 권리를 가져야 한다.

이 게임이 기본적으로 가르치는 것은
어떻게 블록을 잘 쌓느냐지만,
예술적인 주장은 다르다.

Chapter 11

게임이 가야 할 길

나는 게임과 인간의 조건이 어떻게 교차하는지 이야기하는 데 많은 시간을 할애했다. 여기서 중요하게 고려해야 할 차이가 있다. 다른 매체를 이야기할 때 우리는 특정 작품이 어떻게 인간의 조건을 표현하는지 자주 언급한다. 이는 작품이 인간의 조건을 잘 **묘사**하고 있으며, 그 작품을 통해 우리 자신을 통찰할 수 있다는 의미다. 그리스인이 말했듯이, **너 자신을 알라**(gnothi seauton)*는 것이다. 이는 아마도 인간이 직면한 가장 거대한 도전일 것이며, 여러 의미에서 우리의 생존에 가장 커다란 위협일 것이다.

이 책에서 논했던 많은 것들, 인지 이론, 성별의 이해, 학습 스타일, 카오스 이론, 그래프 이론, 문학 비평 등은 인류의 역사에서 꽤 최근에 발전된 것이다. 인류는 자기 이해라는 거대한 프로젝트를 진행하고 있으며, 과거에 사용한 도구들은 대부분 그 효용이 확실하지 않았다. 오랜 시간 동안 우리는 우리 자신을 더 잘 이해하기 위해 더 나은 도구를 발전시켜 왔다.

이것은 중요한 노력이다. 왜냐하면 보통 우리의 가장 큰 천적은 다른 인간이기 때문이다. 비록 오른쪽 대륙에서 무엇을 하는지 왼쪽 대륙에서 알지 못하더라도 오늘날의 우리는 서로가 깊게 상호 연관되어 있음을 안다. 우리는 종종 우리가 행하는 일이 전혀 상상도 하지 못하는 방대한 결과를 일으킨다는 것도 이해하게 되었다. 제임스 러브록* 같이 약간 멀리 나간 사람들은 우리를 하나의 커다란 유기체라고 부르기도 했다.

게임이 인간의 조건을 묘사하는 것과
인간의 조건이 게임 안에
존재하는 것은 다르다.

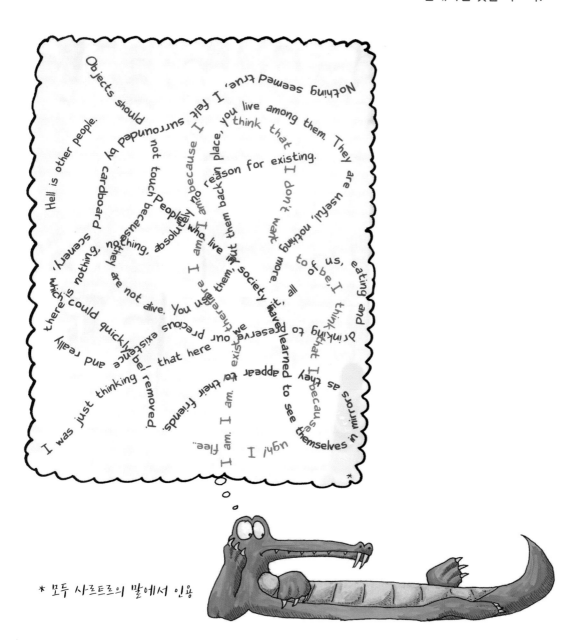

* 모두 사르트르의 말에서 인용

지나친 낙관이나 이상을 이야기하려는 것이 아니라 영상 의학, 네트워크 이론*, 양자 물리학, 심지어 마케팅* 등 다양한 분야가 발전하면서 우리는 그 어느 때보다 우리 자신에 대해 더 깊게 이해할 수 있게 되었다. 우리가 세계를 보는 관점은 인지 능력과 이를 통해 얻은 정보를 걸러내는 방식에 의해 만들어진다. 이 필터를 분명하게 이해하는 것은 곧 우리와 세상의 관계를 재정립하는 것이다.

이에 비추어볼 때, 장 폴 사르트르의 유명한 말들이 게임이 창조한 가상 세계와 인간의 관계에 불가사의하게 들어맞는 것을 보면 흥미롭다. 철학과 학생이라면 사르트르는 그저 우리가 인식하는 모든 세계의 인위성을 인정했을 뿐이라고 말할 것이다. 왜냐하면 가상 세계 모두 결국에는 정신적인 구성체이기 때문이다.

사실 게임은 우리 자신을 더 잘 이해하도록 해준 것이 아니다. 가장 원시적이고, 원초적인 인간의 행위를 볼 수 있도록 해준 것이다.

게임이 인간의 조건을 조명하고 탐색하는 일과 우리가 게임을 플레이하는 과정에서 인간의 조건이 어떻게 나타나는지를 보는 일 사이에는 중대한 차이가 있다. 후자는 학구적 관점에서 흥미롭지만, 놀랍지는 않다. 인간의 조건은 우리가 상호작용하는 한 언제, 어디서든 드러난다. 이 책에서 시도하고 있는 것처럼 게임과 인간의 **관계**를 살펴보는 과정을 통해 우리 내면에 대한 이해를 넓힐 수도 있지만, 게임이 진정으로 다음 단계로 나아가려면 우리 자신에 대한 통찰을 제시해야 한다.

게임은 격자 울타리와 같다.

오늘날 게임은 대체로 폭력적이다. 게임은 힘에 의존한다. 게임은 지배에 의존한다. 이것이 게임의 치명적인 결함은 아니다. 모든 엔터테인먼트의 기본 구성물을 보면 성과 폭력이 주를 이룬다. 그러나 이런 감성은 보통 사랑, 동경, 질시, 오만, 어른스러워짐, 애국심 등 다른 복잡한 개념의 맥락 속에 구성되곤 한다. 모든 성과 폭력을 제거해버린다면 영화, 책, 텔레비전 프로그램에서 남아있는 것이 그리 많지 않을 것이다.

업계에 어른스러움이 부족함을 한탄하는 것도 좋지만, 나무를 보느라 숲을 놓칠 필요는 없다. 과도한 성과 폭력이 문제가 아니다. 문제는 성과 폭력의 천박한 표현이다. 바로 이것이 우리가 온라인 세계에서 무심하게 저지르는 플레이어 살해를 매도하고, 유치한 성희롱 채팅을 비웃고, 비치 발리볼 게임에서 출렁대는 여성의 가슴에 분개하며, 인종이나 여성에 대해 묘사할 때 불편함을 느끼는 이유다. 또한, 게임에서 의미 있는 갈등이 생길 가능성이 있을 때 흥분하는 이유이며, 온라인에서 생성된 관계를 '현실화하는 것'에 방어적이 되는 이유다.

게임보다 평범한 수준의 만화가 인간의 조건을 더 잘 묘사하고 있다는 사실은 개선해야만 한다.

격자 울타리는 식물이 자라는 모양을 정할 수 있다.

격자 울타리를 예로 들어보자. 사람은 식물이고, 게임은 울타리다. 식물이 자라는 모양은 울타리에 의해 어느 정도 결정된다. 그러나 식물이 울타리를 벗어나 자라는 것도 놀랄 일은 아니다. 두 가지 모두 식물의 본성일 뿐이다. 식물은 환경과 타고난 본성에서 모두 영향을 받으며, 울타리라는 한계를 벗어나 발전하고 재생산하면서 마침내 정원에서 가장 큰 존재가 된다.

그러나 위대한 예술 작품은 특별한 방식으로 만들어진다. 작품은 식물을 특정 방향으로 자라게 하든 격자 울타리다. 그 속에는 의도가 깔렸고, 식물이 성장하는 과정을 통해 달성하려는 어떤 목적이 있다.

모든 예술 영역이 이런 비결을 가지고 있는 것은 아니다. 이야기는 이미 아주 오래전에 이 기술을 통달했다. 음악은 주파수의 소리, 음파 주기, 음색이 조화를 이루어 목적한 특정 효과를 내는 방법을 발견했다. 이에 비해 건축 분야는 상대적으로 최근에 와서야 우리가 생활하는 공간을 의도하는 대로 조절할 수 있다는 것을 알아냈다.* 우리는 분노, 탐구심, 호감, 비사회성 등의 감성을 공간 구획, 천장의 높이, 자연광의 허용 정도, 사람이 걷는 도보, 벽에 칠하는 색상 등을 통해 조절할 수 있다.

식물이 울타리를 벗어날 수도 있다.
그것은 울타리가 하는 일이 아니라
식물이 하는 일이다.

게임이 선사 시대부터 있었음에도 매체로서 성숙하지 못한 이유는 우리가 재미를 만드는 기법을 통달하지 못했거나, 혹은 재미를 정의할 용어가 없거나, 게임 요소나 메커니즘을 설명할 용어가 부족하기 때문이 아니다. 또한, 파워 판타지밖에 만들지 못하기 때문도 아니다.

음악의 울타리를 통해 식물을 키울 때는 울타리 제작자가 식물을 다양한 형태로 형성할 수 있다. 문학의 울타리를 통해 식물을 키울 때는 작가가 식물을 다양한 형태로 형성할 수 있다.

게임의 울타리로 플레이어를 보낼 때 우리는 오직 '재미있다'와 '지루하다'만 구분할 수 있다. 게임이라는 매체를 마스터하려면 작가의 의도를 부여해야 한다. 형식 시스템은 의도된 학습 패턴을 만들어낼 수 있어야 한다.

그렇게 할 수 없다면 게임은 이류 예술이며, 영원히 이류 예술일 것이다.

내가 구체적인 방법을 아는 척하지는 않겠다. 그러나 많은 게임에서 희망의 빛*을 본다. 인간 존재 자체에 대한 이해를 바탕으로 게임을 만들 수 있다는 가능성을 본다. 이는 마치 인간 심리 법칙에 따라 반응하는 새로운 측정기 같은 역할이다.

우리는 사회적 지위를 올리는 형식화된 메커니즘으로 게임을 만들 수 있다. 나는 정상의 고독을 다루는 게임을 만드는 방법은 알지 못하지만, 거기에 도달하는 방법은 알 수 있을 것 같다.

게임이 풍성한 예술이 되려면,
즉 격자 울타리 자체가 되려면 메커니즘은
인간의 조건을 드러내야 한다.

이런 게임을 생각해보자. 얼마나 많은 사람을 지배하느냐에 따라 힘을 얻고, 얼마나 많은 친구가 있느냐에 따라 치유력을 얻는 게임이다. 그리고 친구는 힘을 가질수록 떠나는 경향이 있다. 이것을 수식으로 표현할 수 있다. 이것은 추상적 형식 시스템의 범주에 들어간다. 이것은 디자이너가 취사선택을 통해 만들어낸 루뎀이며, 예술적 표현이기도 하다.

이제 어려운 지점이다. 게임의 승리 조건은 최고위층이 되는 것도, 최하층이 되는 것도 아니다. 대신 게임의 목적은 다른 것, 예를 들어 부족 전체의 생존 같은 것이다.

동료 하나 없이 최고위층에 오르는 선택을 할 수도 있다. 하위층에 머무는 것도 선택이며, 좀 더 만족스러울지도 모른다. 게임은 특정 결과를 내려고 일부러 만들어진 패턴과 교훈을 보여주고 있다. 그리고 물론 여기에는 적절한 피드백이 필요하다. 예를 들어 부족을 위해 자신을 희생하는 모든 플레이어에게 보상을 주어야 한다. 게임을 진행하다가 붙잡히면 더 이상 직접 행동할 수는 없지만, 플레이어가 수행했던 행동의 결과로 점수를 얻을 수 있도록 할 수 있다. 이것은 유산을 나타낸다. 단순한 파워 판타지로서는 끌어낼 수 없는 중요한 심리학적 계기다.

이런 게임을 통해 많은 교훈을 얻을 수 있으며, 여기서 택하는 전략에 정답은 없다. 게임은 그저 세계 자체의 일면을 보여줄 뿐이다. 거칠고 세밀하지 못한 예시였지만, 시뮬레이션 전투의 전술 요소보다 더욱 미묘한 면을 가르쳐줄 수 있는 게임의 예다. 그저 힘의 투사를 흉내 내는 메커니즘을 만들어내는 것이 아니라 중요한 가치, 즉 의무, 사랑, 명예, 책임감 등을 시험해볼 수 있으며 더 나아가 '내 아이들이 나보다 나은 삶을 살게 하고 싶다' 같은 발전적인 개념도 시험해볼 수 있다.

게임, 즉 우리가 선택한 모양에 따라 플레이어를 자라게 하는 격자 울타리를 만드는 데 있어서 장애물은 메커니즘 요소가 아니다. 가장 큰 장애물은 심리 상태, 자세, 세상을 보는 관점이다.

근본적으로, 의도 그 자체다.

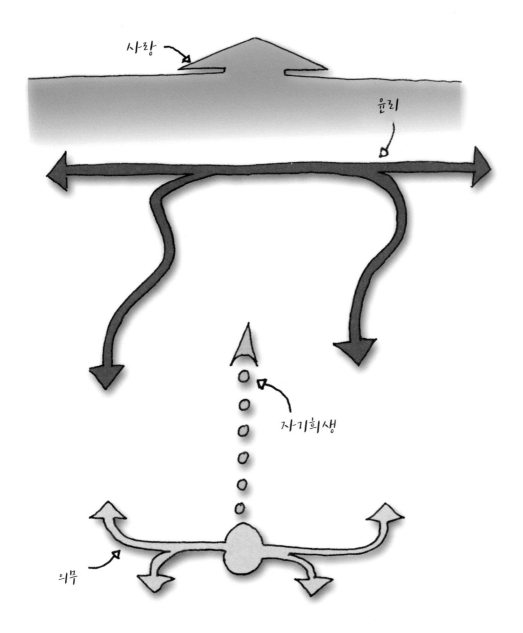

이것은 퍼즐이 '영지', '조준', '타이밍' 같은 동물적인 개념보다
훨씬 흥미로워야 한다는 의미다.

• Chapter 12 •
정당한 자리 차지하기

게임 메커니즘으로 사회적 선이나 명예 같은 개념을 그려내는 데 성공한 게임이 있다. 대니 번튼 베리*의 작품처럼 말이다. 하지만 여전히 많은 게임이 깨어있지 않다. 게임은 다른 모든 커뮤니케이션 매체와 어깨를 나란히 할 수 있는 역량을 가지고 있다. 예술로서의 역량도 가지고 있다. 인간 심리를 그려낼 수도 있다. 교육 도구이기도 하다. 사회를 계몽하는 내용을 전달할 수 있으며, 감정을 이끌어내기도 한다.

하지만 게임이 이런 잠재력을 발휘하기 위해서는 우리 스스로가 게임이 그렇게 할 수 있다는 것을 믿어야 한다. 우리는 게임에 이런 잠재력과 역량이 있다는 것을 깨달은 채로 시스템 디자인 프로세스와 루뎀 구축 프로세스 안에 들어가야 한다. 스스로를 예술가, 선생님, 또는 뭐든지 할 수 있는 강력한 도구를 가진 사람으로 생각해야 한다.

이제 게임이 단지 영토 관리, 조준, 타이밍 및 기타 나머지에 대한 패턴을 가르치는 데서 벗어날 때가 되었다. 이 주제들은 더 이상 우리 시대의 핵심적인 도전이 아니다.

게임이 매체로서 성숙해진다면
다른 모든 커뮤니케이션 매체 옆에 자리할 자격을 얻을 것이다.

게임은 〈피에타〉처럼 느닷없이 눈물이 솟아오르게 할 필요가 없다.

게임은 〈톰 아저씨의 오두막〉처럼 우리를 일깨워 불평등에 분노하게 할 필요가 없다.

게임은 모차르트의 〈레퀴엠〉처럼 우리를 경외감 속에 빠지게 할 필요가 없다.

게임은 뒤샹의 〈계단을 내려오는 누드〉*처럼 이해의 경계에서 우리를 맴돌게 할 필요가 없다.

사실 게임은 이런 것을 할 수 없을지 모른다. 그렇지만 건축이나 무용에도 이 모든 것을 해내라고 요구하지 않는다.

하지만 게임은 우리가 충분히 이해하지 못하는 우리의 모습을 명확히 밝혀야 한다.

게임 퍼즐이 다른 예술 형식의 퍼즐의 복잡성에
접근하는 지점이야말로 게임이
하나의 예술 형태로 성숙한 지점이다.

게임은 다양한 답이 나올 수 있는 패턴이나 문제를 제시하여 우리가 우리 자신을 이해하는 폭을 넓혀줄 필요가 있다.

게임은 창작자의 의지가 담긴 형식 시스템을 창조해낼 필요가 있다.

게임은 게임이 우리의 사고 패턴에 끼치는 영향을 인정할 필요가 있다.

게임은 사회적으로 책임이 있는 이슈와 씨름할 필요가 있다.

게임은 우리가 이해한 인간의 본성을 게임 디자인의 형식적인 면에 응용하려고 시도할 필요가 있다.

게임은 게임이라는 분야를 이해할 수 있도록 중요한 용어를 개발하여 공유할 필요가 있다.

게임은 한계를 넓힐 필요가 있다.

게임을 즐기고자 하는 사람과 게임이
예술이길 원하는 사람 사이에 차이는 없다.

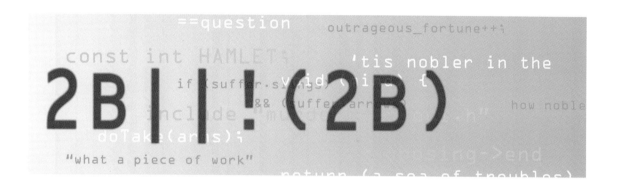

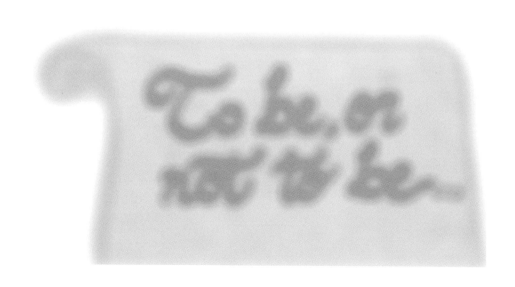

게임과 게임 디자이너가 예술과 엔터테인먼트 사이에 차이가 없음을 인식하는 것이 가장 중요하다. 인류의 노력이라는 맥락 안에서, 그리고 우리의 뇌가 실제로 어떻게 작동하는지를 고려한다면 게임을 폄하할 수는 없다. 게임은 하찮고 유치한 것이 아니다.

다른 어떤 매체의 창작자도 먹고 사느라 바쁘다는 이유로 세상을 바꿀 만한 물건을 만들 수 없다고 말하지 않는다. 게임 디자이너도 마찬가지여야 한다.

모든 예술과 모든 엔터테인먼트는 수용자에게 문제를 제기하고 질문하며 도전한다. 모든 예술과 모든 엔터테인먼트는 우리 주변을 소용돌이치는 혼란스런 패턴을 더 잘 이해하도록 우리를 자극한다. 예술과 엔터테인먼트는 **형태**가 다른 게 아니라 **강도**가 다른 것이다.

왜냐하면 모든 예술이 질문과 퍼즐을 제기하기 때문이다.
심지어는 어렵고 윤리적인 것까지 내놓는다.
게임 디자이너가 자신의 머릿속에 있는,
완성된 답이 있는 문제만 가지고 게임을 만들어내는
한 게임은 절대 예술로 성숙할 수 없다.

왜냐고? 사람들은 게으르지만, 자신과 후손들은 좀 더 나은 삶을 살기를 원하기 때문이다. 이는 모든 인류와 모든 생명체를 움직이는 맹목적인 충동이다. 우리 몸 속의 씨실과 날실 사이에 침투한 이기적인 유전자를 움직이는 유산이다.

자신에게 솔직해지자. 대부분의 사람들, 그리고 저 밖에 있는 대부분의 수용자들이 현실에 안주하고 있다는 것은 모두 알고 있다. 안락 의자에 누워 지난 주에 했던 내용과 비슷한 교훈을 가르치는 시트콤을 보며 또 하루를 보내는 것에 만족한다. 쉬운 엔터테인먼트에 안주하고 싶어한다.

우리는 이런 걸 '대중 음악'이라고 부른다. 또한, '대중 시장'이라 부른다. 사실 게임은 이러한 대중 시장에 도달했으며, 대중 시장이 다른 예술 형식의 궁극적인 목표가 아니듯, 게임의 궁극적인 운명도 아니라는 나의 주장은 어느 정도 흐름을 거스르고 있다고 생각한다. 우리가 기억하는 예술은 새로운 지평을 열어준 재료다. 당대에 유명했느냐 아니냐는 단지 역사적인 우연일 뿐이다. 셰익스피어는 당대 유명한 극작가였지만, 수백 년 동안 잊혀졌었다.* 인기는 장기적인 진화 과정을 재는 성공의 척도가 아니다.

물론, 우리 모두는 대부분 사람들은 현재에 안주한 나머지 이런 방식으로
도전받는 것을 좋아하지 않는다는 걸 알고 있다.

또 다른
무의미한 펭귄

오늘날에는 단순히 편안하고, 확실하며, 위로해주는 것만을 목표로 한 콘텐츠가 무지막지하게 쏟아져 나오고 있다. 우리는 이미 좋아하던 음악, 이미 알고 있는 가치관, 예측한 대로 행동하는 캐릭터에 끌린다.

가장 비관적인 시각으로 보자면 이는 무책임한 것이다. 이렇게 쉬운 엔터테인먼트를 즐기던 사람들은 주변 세상이 변해도 변화에 적응할 도구를 가질 수 없기 때문이다. 창작자의 소명은 이런 사람들에게 변화에 적응할 도구를 제공하여 세상이 바뀌고, 문화적 변화의 조류가 휘몰아칠 때 안락 의자에서 나와 인류가 계속 진보할 수 있게 하는 것이다.

어떻게 푸는지 알고 있는 퍼즐만
골라서 편안함을 즐기는 사람들이 있다.

게임플레이는 우리에게 생존하는 법을 가르쳐준다. 그러나 다양한 문화적 이유로 인해 게임은 폄하되고, 과소평가되고, 가치가 없는 것으로 여겨져 인류의 문화에서 '일'이나 '실용'이나 '진지함'과는 반대되는 개념으로 자리잡게 되었다. 그럼에도 본능의 수준에서는 문화적인 흐름이 존재하는데, 우리의 삶에서 게임플레이가 소외된 것을 슬퍼하는 흐름이다.

선사 시대에는 게임이 우리 삶의 중요한 부분이었다. 아마도 우리는 게임이 가르쳐줄 수 있는 간단한 배움들을 필요로 하기에는 너무 커져버린 것 같다. 성인이 되면 사실상 어린애 같은 방법은 옆으로 치워놓듯이 말이다.

하지만 우리 아이들을 보면서 어린애 같다는 것 또한 마음 상태의 하나라는 것을 알게 되었다. 이는 계속 배움을 탐구하는 마음 상태다.

나는 이것을 옆으로 치워놓고 싶지 않다. 그리고 그 누구도 그래서는 안 된다고 생각한다.

인간이 동굴에 살던 시절에는 늑대와 호랑이에게 잡아먹혔다.

끝으로 내가 게임을 만드는 하루 일과를 끝내고 나서 진지하게 오늘 누군가가 더 좋은 리더가 되고, 더 좋은 부모와 더 좋은 동료가 되는 법을 배웠다고, 자신의 직장에서 버틸 수 있게 만드는 새로운 기술, 현재 자신의 전문 분야를 발전시키는 데 일조할 새로운 기술, 자신이 좀 더 성장할 수 있게 도와주는 새로운 기술을 익혔다고 말할 수 있게 된다면….

그제서야 내 일이 가치 있었노라고 확신할 것이다. 이는 보람 있는 일이고, 사회에 공헌하는 일이다.

그리고 나는 스스로에게 이렇게 속삭일 수 있을 것 같다.

"나는 사람들을 연결한다"

"나는 사람들을 가르친다"

들리시나요? 할아버지?

저는 게임을 만드는 일이 자랑스럽습니다.

오늘날 우리는 좀 더 안전해졌다. 대신 취업 시장이 우리를 잡아먹는다.

할아버지, 재미는 중요해요

정말 오랜 여정이었다. 그리고 아이들이 계속 자라는 한 이 여정은 더욱 더 길어질 것이다.

나는 아이들이 서로를 존중하는 개념을 배우는 것을 지켜보았다.

나는 아이들이 자원은 한계가 있고, 서로 나누어야 한다는 사실을 이해하는 것을 지켜보았다.

아이들은 매일매일 경악할 만한 규모의 새로운 뉴런을 연결한다. 놀라운 개수의 새로운 단어를 배운다. 나는 거의 기억하지도 못하고, 알아채지도 못하는 방식으로 해낸다.

게임은 그 여정에서 아이들을 돕는다. 그렇기에 나는 감사하게 된다. 나 역시 아이들이 더 나은 삶을 살기를 바라며, 그렇기에 그 길에 도움이 된다면 어떤 도구라도 사용할 것이다.

늙는다는 건 뉴런을 잃고, 뉴런 간의 연결을 잃고, 우리가 만들고 준비해둔 패턴을 점점 잃어서, 주변의 세상이 노이즈로 가득 차 희미해져 가는 것을 속절없이 지켜보는 것이다. 언제나 새로운 문제를 다룸으로써 정신을 유연하게 유지할 수 있다면 상황은 더 나아질 것이다.

돌아가시기 얼마 전 할아버지는 "그 컴퓨터 뭐시기를 하나 살까 한다. 인터넷이라는 것이 아마추어 무선 통신이랑 별로 다르지 않은 것 같아. 한 번 해볼까 하는구나"라고 말씀하셨다.

게임은 좋은 일에 사용할 수 있는 강력한 도구다.
게임은 책이나 영화, 음악처럼 사람의 머리를 재구성한다.

할아버지의 부고 소식을 들은 것은 연례행사였던 게임 개발자 컨퍼런스에 참석하러 산호세의 호텔에 도착했을 때였다. 무언가 의미심장했다.

콜럼바인고등학교에서 충격 사건*이 일어났을 때, 세상이 제정신이 아니던 때, 할아버지가 던지신 질문은 적절했다.

게임은 악한 일에 쓰이는 도구인가? 좋은 일에 쓰이는 도구인가? 게임은 좋게 봐줘 봤자 하찮은 오락인가? 나쁘게 봐줘 봤자 하찮은 오락인가? 게임은 좋게 봐줘 봤사 하찮은 오락이라 인생에 쓸모가 없을까? 나쁘게 봐서 하찮은 오락이라 인생에 영향을 주지 못할까?

이 질문에 대한 답이 중요한 이유는 이 업계에 종사하는 우리가 밤에 발 뻗고 잘 수 있기 때문이며, 또한 일하는 우리를 보는 가족, 친지, 공동체를 안심시키기 때문이다.

사람들은 게임이 자신에게 미칠 영향을 두려워한다.
게임 때문에 거리에서 광란의 살인 행각이 벌어질지도 모른다는 두려움이다.

그럴 리가 있나.

게임은 인간의 활동 중 하나다. 인간의 활동이 언제나 아름답지는 않다. 언제나 고귀하지도 않다. 언제나 이타적인 것도 아니다. 그리고 정말로 수많은 멍청한 일들이 게임에서 일어난다. 수많은 멍청한 일들을 게임을 플레이하는 사람들이 저지른다. 수많은 멍청한 일들을 게임을 만드는 사람들이 저지른다.

그러나 무지는 바로잡을 수 있다. 인간의 활동은 이기적인 유전자에 의해, 잘못된 인지로 인한 환상에 의해, 혹은 반동적인 종족주의와 근시안적인 우월적 행동에 의해 발생할 수 있다.

그러나 소방관, 특수교육 교사, 건축가 같은 사람들도 있다. 이들은 우리가, 그리고 우리 아이들이 안전하게 살 수 있는 공간을 만든다.

내가 이 책에서 제시했던 일견 기계론적으로 보이는 세계관은 할아버지가 의지하던 종교적 신념과는 상반되는 관점일지도 모른다. 그러나 나는 두 관점 모두 같은 결론에 다다른다고 생각한다.

우리가 하는 일을 이해하려는 고된 노력은 어둠을 밀어낸다. 새로운 것은 우리를 두렵게 할 수도 있다. 기묘한 불협화음으로 이루어진 협주곡을 들은 음악 애호가들이 심한 동요를 일으킨 것처럼….

그러나 흐르는 세월이 약이 되어 그 불협화음은 우리 곁에 아름다운 음악으로 남았다.

그러므로 여기서 나의 대답은, 내가 어떤 인간 본성을 발전시킬지는 내 스스로 정하겠다는 것이다.

이야기와 음악처럼 게임과 놀이는
인간의 뇌가 작동하는 방식을 보여주는 핵심 요소이며,
교향곡이 폭동을 유발하는 일은 매우 드물다….

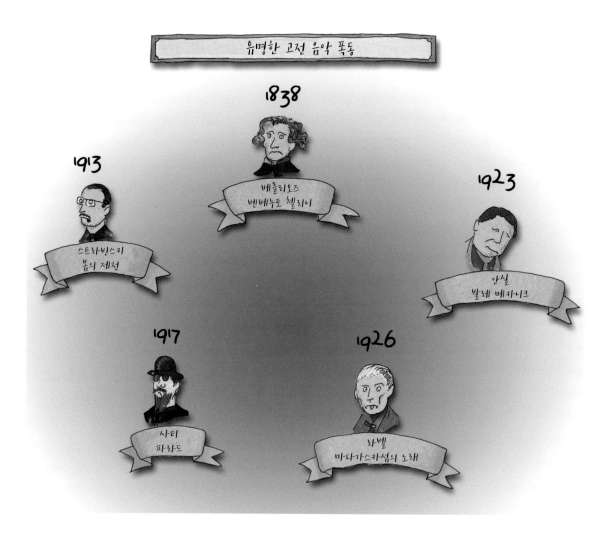

유명한 고전 음악 폭동

1838
베를리오즈
벤베누토 첼리니

1913
스트라빈스키
봄의 제전

1923
안실
발레 메카니크

1917
사티
파라드

1926
라벨
마다가스카섬의 노래

할아버지가 아주 새로워 보이는 것에, 사실은 아주 오래된 것이었지만, 불안해하신 것을 비난할 수는 없다. 자연스러운 반응이니까. 이는 낯선 것이 튀어나올 때 나타나는 인간적인 반응이다.

재미의 본질과 게임플레이의 핵심을 탐구하다 보니 나 자신, 내가 하고 있는 일, 일을 하는 목적에 대해 만족하게 되었다.

우리에게는 강력한 도구가 있다. 충분히 활용되지 못하고 있음에도 불구하고 모든 연령의 사람이 받아들이는 이 도구는 바로 게임이다. 게임이라는 도구를 어떤 방식으로 문화에 어우러지게 할 것인지 주의하며, 그리고 그 역량을 존중하면서 책임감 있게 다루어야 한다.

음악에 제목을 붙이는 단순한 행위 하나가 음악에 서사성을 부여하고, 음악을 매우 풍요롭게 만들어준다. 물론 펜데레츠키의 〈히로시마 희생자에게 바치는 애가〉*나 아론 코플랜드*의 작품을 제목을 모른 채 소리 자체만 감상할 수도 있다. 그러나 그 정신은 음악과 제목이 어우러지는 곳에 있다. 영화의 정신이 연기와 각본과 영상의 조화 속에 있는 것처럼.

다른 예술 형식은 오래전부터 이런 사실을 인식하고 있었다. 예를 들어 웰즈는 〈맥베스〉의 연극 무대를 아이티 부두교식으로* 꾸몄는데, 예술 형식의 구성요소 중 하나를 선택하여 변경함으로써 성취를 달성해낸 것이다.

나는 우리가 상업적인 게임 업계의 성차별, 계급 차별, 인종 편견, 그 밖의 일상적인 천박함들을 무시해서는 안 된다고 생각한다. 〈그랜드 테프트 오토〉*의 성매매 여성은 메커니즘적 관점으로 보면 파워업 요소다. 그러나 게임의 경험에서 성매매 여성이 등장하는 맥락과 기능을 구분하는 일은 게임 비평가가 할 일이다. 그리고 솔직히 말하면 게임 비평이 그런 특정한 게임 객체와 상호작용에 이름을 붙일 수 있을 정도로 발전하지도 못했다.

나의 대답은, 나는 기꺼이 맨 앞에서 이 책임을 받아들일 준비가 되어 있다는 것이다. 우리는 발전해야 한다.

이것은 게임 디자이너가
무책임하게 행동해도 된다는 의미가 아니다.

게임이 그저 오락거리에 불과하고, 내 할아버지의 걱정이 맞았다 하더라도 책임감 있게 행동하고, 인간의 조건을 밝혀주는 게임을 만들기 위해 노력하는 것이 적어도 해가 되지는 않을 것이다.

게임이라는 매체가 그저 훌륭하고 멋진 장난감이라고 생각해서 가지고 노는 것이라 하더라도, 나는 최소한 그 과정에서 누구도 해를 입지 않도록 내가 할 수 있는 일을 할 것이다. 이 훌륭하고 멋진 장난감을 매우 매우 매우 진지하게 다루고, 좋은 일에도 나쁜 일에도 활용할 수 있는 강력한 도구라고 여길 것이다. 그리고 좋은 일에 쓰이는 도구로 만들기 위해 노력할 것이다.

마치 파스칼의 내기* 같은 것이다. 이것이 '그저 게임'일 뿐이라면 나는 그저 주변에 널려 있는 괴짜 중 하나일 뿐이다. 그러나 그저 게임이 아니라면 이런 도구를 책임 있게 대하는 방법은 두 가지뿐이다. 도구에서 손을 떼고 누군가 자격 있는 사람이 다루도록 놔두든가, 도구를 집어 들고 스스로 자격 있는 사람이 되든가.

내 대답은, 안전한 쪽에 걸겠다.

블레즈 파스칼

당신이 '그냥 게임일 뿐이야'라고
생각한다면 파스칼의
내기를 떠올려보라.

신이 존재하지 않는다면
내가 신을 믿든 말든 상관없다.
신이 존재한다면 믿는 것이 낫다.
따라서 내기를 한다면 믿는 편이
안전하다고 하겠다.

할아버지가 내 일을 자랑스러워하시도록 만드는 방법은 정말로 간단하다. 할아버지가 작업실에서 목공 도구를 꺼내실 때마다 하셨던 일과 그리 다르지 않다.

작업에 최선을 다한다.

두 번 재고, 자를 때는 단번에 자른다.

결을 느끼고, 결을 따라 작업하고, 거스르지 않아야 한다.

상상 이상의 것을 만들어내되, 바탕이 된 근원에 충실한다.

어떤 창작 행위에도 들어맞는 훌륭한 조언이다. 할아버지께 내 대답을 들려드린다면, 이렇게 할 수 있다고 말씀드리겠다.

내 아이들은 내가 만든 게임이 할아버지를 불편하게 해드렸던 것처럼, 게임을 플레이하면서 나를 불편하게 하는 말과 행동을 하고 있다. 그러나 오믈렛을 만들려면 계란을 깨야 하는 법이다.

매체의 잠재력이 만개하려면, 경계를 넘어야 하고, 사람들을 좀 더 불편하게 하는 버튼을 눌러야 할 때도 있다. 우리는 게임을 단순한 엔터테인먼트 이상이라고 주장하고, 때로는 충격을 주거나, 감정을 상하게 하거나, 소중하고 견실한 믿음을 시험하는 주제를 제시하는 게임을 만들 수도 있을 것이다.

이것은 이상한 일이 아니다. 다른 모든 매체가 하는 일이다.

내 약속은, 누구도 다치지 않기 위해 노력하겠다는 것이다.

이는 불편한 주제를 다루는 게임을
만들 수 있다는 말이다.

모든 게임 디자이너에게 이러한 작업은 삶에서 우리의 역할을 재평가하는, 대단히 어려운 작업이다. 과거에는 그저 속 편하게 지내왔던 우리 자신을 타인에게 책임감을 가진 존재로 인식해야 한다는 의미다. 이는 우리가 작업하는 도구, 메커니즘의 입출력과 피드백, 인간의 두뇌와 인간의 이해를 가로지르는 복잡한 경로 같은 것을 더 높이고 존중해야 한다는 의미다. 그리고 플레이어 역시 더욱 존중해야 한다.

플레이어들은 재탕한 점프 퍼즐보다 훌륭한 게임을 제공받을 자격이 있다. 우리는 게임 디자이너로서 그 이상의 것을 제공할 수 있으며, 그래야 한다고 믿어야 한다.

내 대답은, 나는 그렇게 믿는다.

플레이어를 존중한다는 것은
그들에게 진정한 도전거리를 주는 것이다.
마치 훌륭한 이야기가 주는 것 같은
세련된 도전거리를 주는 것이다.

점프하느냐, 마느냐,
이것이 문제로다. 가혹한 보스 몬스터의
돌팔매와 화살을 견뎌내는 것이 고귀한가,
아니면 고뇌의 바다에 대항하여
파워업을 먹고 맞싸워
없애버리는 것이 더 고귀한가?

죽는 것은 잠드는 것, 오직 그 뿐.
육체이기 때문에 피할 수 없는
비탄과 천만 가지 괴로움을
잠들어 끝낼 수 있다면.

그냥 뛰라고.

마지막으로 우리 할아버지 같은 생각을 하는 사람들도 게임 디자이너가 맡은 사회에서의 역할과 가치를 이해해야 한다. 우리는 지하실에서 웃기게 생긴 주사위*나 굴리는 얼간이가 아니다. 당신 아이들의 선생님이기도 하다. 우리는 무책임한 십대 소년이 아니다(음, 전부 아닌건 아니지만). 우리 역시 부모다. 그저 자극을 주겠답시고 TV 화면에 피범벅과 섹스를 뿌려대는 사람들이 아니다.

게임은 존중받을 기치기 있다. 우리는 창작자로서 게임을 존중해야 하며, 게임의 잠재력에 걸맞는 일을 해야 한다. 그리고 다른 사람도 게임을 존중하고, 게임이 할 수 있고, 해야만 하는 발전을 실현할 수 있도록 기회를 주어야 한다.

내 대답은, 그렇다, 우리는 존경받을 만한 일을 하고 있다.

또한, 사회도 사회에 속해 있는 게임을 존중해야 한다.

내가 지금까지 게임에 대해 이야기한 것과 게임 업계에 종사하는 사람들이 이야기한 것을 듣고서도 사회는 여전히 낯선 것에 무조건 반사 반응을 보일지도 모르겠다.

게임 분야에 대한 학술적인 연구가 활발해지고, 게임학 분야가 비상하는 것도 일시적인 헛수고일지도 모른다.

그러나 회화도 한때 현실 세계의 정수를 훔치는 불경한 짓이었다. 무용도 높은 감성을 표현할 그릇이 못되는 음란한 몸짓으로 여겼다. 소설은 다락방에 갇혀 사는 주부들이나 보는 제멋대로인 로맨스 잡문이었다. 영화는 싸구려 오락실에 설치된 쓰레기 같은 활동사진 영사기(kinetoscopes)*에 동전을 넣고 보는 저질 활동사진으로 다 큰 성인이 볼 만한 가치가 없다고 여겼다. 재즈는 젊은이를 타락시키는 악마의 음악이었다. 로큰롤은 국가 구조를 파괴한다고 여겼다.

셰익스피어는 도시 구석의 허름한 극장에서 일하는 배우 겸 작가에 불과했다. 점잖은 여성은 극장에 드나들면 평판이 망가져버리므로 출입은 물론 무대에 올라간다는 것은 상상도 할 수 없는 일이었다.

우리는 이때보다 배운 게 많다.

그런데도 우리는 여전히 이 길을 갈 수도 있다….

언젠가 사회가 받아들여 준다면
게임 분야에서도 셰익스피어 같은 사람이 나타날 것이다.

상자를 준비해서 체스판을 모두 정리하고…

공과 네트와 팽이를 모으고…

인형과 장난감 자동차를 챙겨…

그걸 모두 상자에 넣어서 사다리를 올라가…

다락방으로 가져가서…

창문 아래 놓아둔 뒤 상자의 걸쇠를 걸어두지만, 자물쇠는 채우지 않은 채로…

어린 시절의 물건을 치워버리고, 어린이 혹은 마음이 젊은 사람들이 보이지도 않고 그들의 이야기가 들리지도 않는 세계로 들어갈 수도 있다.

그러나 게임이 왜 중요한지,
재미에 어떤 의미가 있는지 이해하지 못한다면
우리가 만드는 게임은 모두 틱택토의 결말을 따라갈 것이다.

여기서 이야기하겠다.

아니다. 결코 그렇게 하지 않을 것이다.

내 아이들의 눈동자에서 환희와 경이로움을 보는 순간을 포기할 수 없기 때문이다.

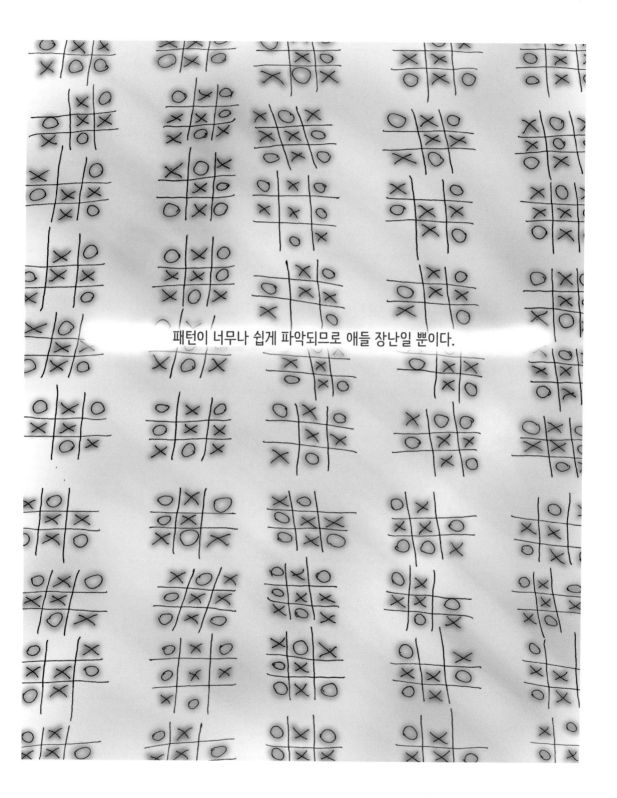

패턴이 너무나 쉽게 파악되므로 애들 장난일 뿐이다.

십 년 후

모든 것은 제1회 오스틴 게임 컨퍼런스*의 기조연설에서 시작되었다.

이 기조연설을 책으로 만들었는데 발표할 때 사용한 핵심 슬라이드를 각색하고, 당시 발표한 내용을 책 수준의 에세이로 길게 늘여서 만들었다. 마감시간이 촉박해서 만화를 그릴 시간이 부족했기 때문에 대부분 만화가 꽤나 조잡하게 그려졌다. 만화는 모두 브리스틀 종이에 래피도그래프 펜으로 그렸는데, 이제 보니 꽤나 예스러운 방식으로 보인다. 글 자체는 주말 내 이틀 동안 빠르게 쏟아져 나왔다.

놀이가 본질적으로 학습이라는 아이디어는 그 당시에도 그리 새로운 건 아니었다.* 하지만 책이 쓰여질 당시 게임은 주기적이고 지속적으로 공격을 받고 있었다. 게임이 아직 스미스소니언 박물관에 전시되기 전이었다.* 많은 게임 디자이너가 게임은 예술의 한 종류로 인정받지 못할 것*이라고 생각하던 시절이었다. 게임이 수정 헌법 제1조(역주: 표현의 자유)로 보호받는 판례가 나오리라고는 생각하지 못했다.* 게임 관련 책은 몇몇 빛나는 예외를 제외하고는 대부분 게임 개발자를 위한 실용 매뉴얼이었다.

나는 여전히 이 책에 대한 환대가 믿기지 않는다. 이 책은 전 세계의 게임 디자인 교과 과정에서 필수 교재가 되었다. 이렇게 많은 동료 디자이너의 마음을 움직이다니 나는 정말로 운이 좋았다고 생각한다. 그리고 그들의 이런 마음을 평생 다치게 하고 싶지 않다. 이 책은 아마 내가 지구상에 남길 수 있는 가장 큰 유산일 것이다. 내 아이들을 빼고 말이다.

이 책을 쓰는 과정에서 게임에 대한 나의 직업 방식이 바뀌었고, 지금도 계속되고 있는 지적이고 창의적인 여정이 시작되었다. 그때의 기조연설 이후 십 년이 지나, 나는 마지막 오스틴 게임 컨퍼런스에 참석해서 〈십 년 후에〉라는 회고록*을 발표했다. 때로는 끝이 있을 때도 있다.

이제는 행복에 대한 과학*도 있다(대단하지 않은가!). 연구자들은 행복이란 감정이 감사함, 자신의 재능을 사용하는 것, 사회적 유대감, 목표를 달성하기 위한 노력과 낙관적인 마음 같은 요소에서 나온다고 말한다. 이런 말들은 게임이 가장 잘하는 것과 비슷하다. 그리고 행복은 그 무엇보다 중요한 엔딩일 것이다.

한평생 게임을 플레이하면서 게임을 시스템과 메커니즘으로 이해했으며, 다른 나머지도 이러한 관점으로 이해하도록 게임을 통해 배웠다. 하지만 십 년이 지난 뒤 모든 것을 되돌아보니 게임은 단순히 시스템의 소용돌이일 뿐만 아니라, 우리가 태어난 먼지와 우리가 되어 갈 먼지 사이의 공간, 우리가 행복을 얻고자 대추격전을 시작하는 공간이었던 것이다.

읽어주셔서 감사합니다.

주석

프롤로그 ·

틱택토 *20*

OX 게임이라고도 부른다. 틱택토와 그 친척인 오목(칸 수가 13x13, 15x15처럼 많고, 말을 일렬로 다섯 개를 만들어야 하는 게임), 큐빅(4x4x4 육면체 칸의 게임)은 모두 수학적으로 분석하기 좋은 게임이다. 특히 틱택토는 단순한 편인데, 가능한 게임의 수가 125,168개밖에 되지 않고, 회전 대칭이 가능함을 고려하여 가능성 공간이 대부분 소거되기 때문이다. 두 플레이어가 최적의 전략을 수행하면 게임은 언제나 무승부로 끝난다.

Chapter 1 ·

어원이 같은 말 *22*

어원이 같거나 의미가 비슷한 단어들. 다른 언어 사이에서도 있을 수 있다. 언어는 서로 단어를 빌리는 경우가 많으므로 다른 언어에서도 비슷한 단어가 있을 수 있다. 의미, 발음, 철자가 몰라보게 차이 나는 경우도 많다.

니카라과의 청각 장애아 *22*

니카라과의 수화(Nicaraguan Sign Language, NSL 혹은 스페인어 철자에 따라 ISN)에 관해 많은 논문이 작성되었다. 니카라과의 청각 장애 어린이들은 1979년 청각 장애아를 위한 학교가 문을 열기 전에는 서로 만나지도, 수화를 수련하지도 못했다. 불과 몇 학년이 지나기도 전에 아이들은 완전한 수화 언어를 만들어내 소통했다. 이것은 역사상 최초로 과학자들이 언어가 자연 발생적으로 만들어지는 것을 관찰할 수 있었던 사례로 추정된다(에스페란토처럼 의도적으로 만들어낸 언어와 비교되는 사례). 다음 링크에서 상세한 이야기를 확인할 수 있다(www.nytimes.com/library/magazine/home/19991024mag-sign-language.html).

NP-난해와 NP-완전 *24*

주어진 문제가 얼마나 풀기 어려운가를 연구하는 수학 영역인 복잡성 이론에서 사용하는 용어다(문제를 풀 수 있는지는 '계산 가능성 이론'에서 따진다). 이런 복잡성에는 P, NP, PSPACE-완전, EXPTIME-완전 같은 종류가 있다. 많은 추상 보드게임은 이런 수학적 복잡성 용어에 따라 분류될 수 있다. 예를 들어 〈체커〉는 EXPTIME-완전이고, 〈오셀로〉는 PSPACE-완전이다. 게임을 쓸모없게 만드는 일은 수학자들이 아주 좋아하는 소일거리다. 수학자들은 〈커넥트포〉나 〈펜토미노〉 같은 게임은 처음 시작하는 사람이 언제나 이긴다는 것을 증명해버렸다.

시시포스의 과업 *26*

시시포스는 하데스의 깊은 곳 타르타루스에서 거대한 돌을 언덕 위로 굴려 올려야 하는 형벌을 받았다. 바위를 정상에 올려놓으면 바위가 언덕 아래로 굴러떨어져 처음부터 다시 해야 했다. 농담으로 현대 비디오 게임에서는 이것을 '저장 파일 불러오기'라고 부른다.

진지하게 이야기하면, 인터넷 플레이의 상층 계급에는 가장 실력 있는 플레이어가 모여들기 때문에, 평범한 플레이어는 여기서 경쟁하는 것이 불가능하다. 게다가 온라인 게임 서비스는 수시로 규칙을 바꾸기 때문에 이런 작업 자체가 문자 그대로 시시포스적인 경우가 많다. 순위권에 들기 위해 노력했던 전략과 전술이 업데이트를 거칠 때마다 크게 바뀌므로 플레이어는 게임의 많은 부분을 새로 배워야 한다.

무하하하

인터넷 게임을 하면서 쉽게 들을 수 있는 고소해하는 소리.

정신적인 도전이 필요한 게임과 알츠하이머 환자

게임 같이 정신적인 도전을 필요로 하는 활동이 알츠하이머의 진행을 늦추는 효과가 있다는 것이 2003년 6월 〈뉴잉글랜드 저널 오브 메디신(New England Journal of Medicine)〉에 발표되었다. 정신적인 도전이란, 게임만을 말하는 것은 아니며 악기를 연주하는 것, 새로운 언어를 배우는 것, 춤추는 것 등도 비슷한 효과를 냈다. '아이오와 주의 건강하고 활동적인 정신 연구'라고 불리는 2013년의 또 다른 연구는 십자말풀이 퍼즐은 이러한 효과가 나타나지 않았지만, 특정 비디오 게임은 전반적인 인지 기능에 긍정적인 영향을 주는 것으로 나타났다(관련 내용은 미국 공공과학 도서관 온라인 학술지인 〈플로스 원(PLOS ONE)〉에 발표되었다(http://journals.plos.org/plosone/article?id=10.1371/journal.pone.0061624).

교점에 대한 게임

게임 말을 조건에 따라 놓아야 하는 게임은 점과 점을 연결하는 선을 연구하는 수학 분야인, 그래프 이론의 문제로 표현할 수 있다. 각 지점을 **교점**(vertex)이라고 하고, 연결선을 **변**(edge)이라고 한다. 게임을 이렇게 추상화해서 분석해보면 게임을 더 잘하기 위해 필요한 근본적인 특징이 많이 드러난다.

영화 산업보다 더 돈을 많이 버는지

2011년 〈L.A. 타임스〉는 전 세계 박스 오피스 수입이 318억 달러라고 하였고, 리서치 전문기관 가트너(Gartner)는 비디오 게임 산업(수많은 게임 수입을 합치면)의 매출이 740억 달러라고 밝혔다. 그러나 박스 오피스 수입이 영화 업계의 유일한 수입원은 아니다. 물리적인 매체, 스트리밍, 비행기 상영, 텔레비전 상영, 심지어 비디오 게임 라이선스 비용 등도 수입에 더해진다. 또한, 게임 업계의 수입에도 하드웨어 판매액이 포함된다. 그리고 게임 콘솔은 미디어 장비로도 활용된다. 그러므로 논쟁은 계속될 것이다.[1]

Chapter 2 ·····························

게임 이론

형식화된 모형에 기반을 둔 의사결정을 연구하는 수학의 한 분야. 대부분 게임은 형식적인 모형으로 해석할 수 있지만, 경제학이 늘 그렇듯이 게임 이론은 수학적 가설을 테스트하면서 현실과 상충한 결과를 내놓는 경향이 있다. 이는 게임 이론이 주로 최적화 전략에 기반을 두기 때문이다. 대부분 사람은 매사에 최적화를 추구하지 않는다. 게임 이론은 더 좋은 게임을 만드는 데는 거의 도움이 되지 않지만, 사람들이 게임 내에서 왜 저런 선택을 하는가를 설명하는 데는 도움을 줄 수 있다.

로제 카유아(Roger Caillois)

1958년 〈Man, Play and Games〉라는 책을 쓴 인류학자. 저서에서 게임을 확률, 경쟁, 환상과 가식, 어지러움에 기반을 둔 네 가지로 분류하였다. 그는 게임을 주로 문화적 적응의 도구로 보았다.

---

1 역주: 2015년 전 세계의 게임 시장 규모는 1,450억 달러에 이르며, 이는 비디오 게임 시장뿐만 아니라 온라인 게임, 모바일 게임 및 아케이드 등을 모두 포괄하는 시장 규모다. 반면에, 영화 시장 규모는 960억 달러, 음악 시장 규모는 430억 달러라고 한다(PwC 및 Statista, 한국콘텐츠진흥원 게임백서 및 콘텐츠산업백서 통계 참조). 라프 코스터의 지적대로 이 숫자들은 집계한 기관이나 기준치에 따라 많이 달라지므로 논란의 여지가 있을 수 있지만, 그런데도 대부분의 통계치에서 게임 산업이 영화나 음악보다 확연하게 큰 시장으로 나타나는 것은 확실하다.

요한 하위징아(John Huizinga) 32

인간의 문화에서 놀이의 중요성에 집중한 책인 〈Homo Ludens(1938)〉의 저자. 하위징아는 '마법의 원'이라는 개념을 정의하였다. '마법의 원'은 놀이가 보호를 받으며 벌어지는 공간이며 절대 위반해서는 안 되는 신성한 공간이기도 하다.

예스퍼 율(Jesper Juul) 32

최근 벌어지는 '루돌로지(ludology, 게임(특히 비디오 게임)에 관한 연구)' 운동을 이끄는 학자. 웹사이트는 www.jesperjuul.dk이다. 루돌로지 입문서로는 예스퍼 율이 쓴 〈Half-Real(MIT Press, 2011)〉을 추천한다.

크리스 크로퍼드(Chris Crawford) 34

컴퓨터 게임 디자인계의 거장 중 한 명으로 〈동부전선 1941〉과 〈밸런스 오브 파워〉 같은 게임을 만들었다. 크로퍼드는 오랫동안 게임은 예술이라는 의견을 지지해왔으며, 인터랙티브 스토리텔링의 주요 지지자 중 한 명이다. 그의 책인 〈The Art of Computer Game Design〉은 고전으로 여겨지고 있다.

시드 마이어(Sid Meier) 34

오늘날 존경받는 컴퓨터 게임 디자이너 중 한 명으로 〈문명(보드게임이 아니라 컴퓨터 게임 버전. 물론 최근에는 컴퓨터 게임의 보드게임 버전이 나오기도 했다)〉, 〈해적〉과 〈게티스버그〉 같은 게임을 만들었다.

〈앤드류 롤링스와 어니스트 애덤스의 게임 디자인〉 34

이 책은 2003년 뉴라이더스 출판사에서 출간되었다. 일반적인 게임 디자인 원칙뿐만 아니라 다양한 게임 장르를 구체적으로 어떻게 만들어야 하는지 다루고 있다(국내에서는 2004년 〈게임기획개론〉이라는 제목으로 제우미디어에서 출간되었다). 주의사항: 나도 온라인 게임에 관한 챕터를 저술하는 데 참여했으므로, 이 책의 평가에 대해 공정하지 못할 수 있다.

케이티 살렌과 에릭 짐머만의 〈놀이의 규칙〉 34

〈놀이의 규칙〉은 게임이란 무엇이며, 게임이 어떻게 작동하는가를 다루는 중요한 책 중 하나이다. 이 책은 2003년 MIT 출판사에서 출간되었다. 두 저자는 학자일 뿐만 아니라 직접 게임을 만드는 게임 디자이너이기도 하다(국내에서는 2010년 〈게임디자인원론〉이라는 제목으로 지코사이언스에서 출간되었다).

얼굴 인식 36

얼굴을 인식하는 두뇌 부위를 **방추상 얼굴 영역**(fusiform face area)이라고 부르는데, 주어진 특성을 바탕으로 개개인을 인식하는 데 주로 사용된다(이는 물체의 특성을 인식하는 영역과 반대되는 기능을 한다). 이 영역이 손상을 입으면 유명한 사람의 사진을 여자, 남자, 금발, 흑갈색, 젊은이, 노인으로 분류할 수는 있어도 누구인지는 알아볼 수 없다. 방추상 얼굴 영역은 훈련을 해야 한다. 사람들은 보통 다른 사람에 대한 전문가이므로 쉽게 다른 사람을 인식하고 감정을 읽을 수 있다. 자폐증 환자는 MRI 측정 결과 방추상 얼굴 영역의 기능이 떨어지는 것으로 나타난다. 조류 관찰자나 자동차 전문가가 특정한 새나 자동차를 확인할 때 방추상 얼굴 영역이 활성화되는 것을 볼 수 있다.

우리의 코를 안 보이게 만든다 36

http://faculty.washington.edu/chudler/chvision.html의 실험은 맹점, 그리고 뇌가 알고 있는 정보로 맹점을 채우는 것을 보여준다. 많은 착시 현상은 뇌가 무엇을 볼지 미리 가정하고 있으므로 발생한다.

뇌가 인식하는 방식을 이해하는 일에 전념해온 과학 분야 38

스티븐 존슨의 책 〈Mind Wide Open(Scribner, 2004)〉은 인간 심리의 비밀로 멋진 여행을 떠나게 해준다(국내에서는 2006년 〈굿바이 프로이트〉라는 제목으로 웅진지식하우스에서 출간되었다).

거대한 고릴라

하버드대학교의 차브리스(Chabris)와 일리노이대학교의 사이먼스(Simons)의 연구의 제목은 'Gorillas in our midst: sustained inattentional blindness(우리 가운데의 고릴라: 지속적이고 의도적이지 않은 맹목)'이라고 즉흥적으로 지어졌으며, 1999년 학술 저널인 〈퍼셉션(Perception)〉에 발표되었다.

인지 이론

인지 관련 학술 분야는 여러 가지 다른 영역으로 나눌 수 있다. 인지심리학(cognitive psychology)은 이 분야의 전통적인 주류로 대부분 추상적인 영역을 다루고 생물학적인 부분은 많이 참고하지 않지만, 상대적으로 새로운 영역인 인지신경과학(cognitive neuroscience)은 어떻게 두뇌가 작동하는지를 보기 위해 정보의 흐름을 연계하려 시도하고 있다. 후자의 영역은 상대적으로 새롭고, 이 책에서 참고하는 대부분 주석은 이 분야다.

청크 만들기

G. A. 밀러의 유명한 1958년 논문 'The Magical Number Seven, Plus or Minus Two(마법의 숫자 7, 더하기 또는 빼기 2)'에 따르면 인간의 단기 기억(정신적인 작업을 할 때 사용하는 메모장이라고 생각하면 된다)은 7단위 정도의 정보밖에 다루지 못한다. 만약 이 이상의 정보를 단기 기억에 넣으면 이 중 일부는 까먹는다. 우리가 정보를 하나의 '청크'로 압축할 수 있다면 또는 하나의 선택적인 정보의 단위에 쉽게 기억할 수 있는 레이블을 붙일 수 있다면 꽤 복잡한 정보를 정보 단위 하나로 만들 수 있다. 이는 언어학이나 인터페이스 디자인 그리고 물론 게임에 중요한 시사점을 제공한다. 즉, 게임 내에서 기억해야 할 숫자가 좀 더 늘어나는 것이 왜 게임을 갑자기 어렵게 만드는지를 설명해준다. 오직 단기 기억에만 이러한 제약이 있다. 우리의 두뇌는 그 이상의 역량을 지니고 있다. 청크 만들기에 대한 전통적인 예시는 보기에 무질서한 숫자와 문자의 배열을 외우게 하는 것이다. 이 배열이 이전에 숙달해낸 패턴과 연결되면 이 작업은 갑자기 쉬워진다. 다음 링크에서 한번 시도해보라(http://www.youramazingbrain. org.uk/yourmemory/chunk01.htm).

자동화된 청크 패턴

인지 과학은 이와 관련된 개념을 설명하는 데 있어서 청킹, 루틴, 카테고리, 심리 모형 등 수많은 용어를 사용한다. 나는 이 책에서 '청크'라는 용어를 사용했는데, 이 용어가 다른 학술 분야에서도 다양하게 사용될 뿐만 아니라 비전문가의 수준에서도 이해가 쉽기 때문이다. 엄밀히 말하면, 내가 언급한 대부분의 거대한 '청크 패턴'은 스키마타(schemata)라고 부른다.

우리가 기대하는 대로 청크가 작동하지 않을 때

뇌는 정보를 얻으면 언제나 정보에 '정확함'이라는 태그를 붙이고 정보의 신뢰성에 대해서는 거의 고민하지 않는다. 이를 피하려면 자각이 있는 상태에서 작업해야 한다. 또한, 정보가 완전하지 않은 상황에서도 자동으로 유사한 물건들을 하나로 분류하는 경향이 있다. 그래서 별 생각 없이 호박과 야구공을 같은 종류의 물체로 분류하는 경우도 생긴다. 이러한 일이 파이를 만들 때 벌어지면 달갑지 않은 놀라움을 경험할 것이다. 이와 관련하여 기억이 어떻게 작동하는지에 관해 연구하는 분야인 '원천 모니터링'이라는 학문 영역도 있다.

황금 분할

황금비나 성스러운 비율이라고도 불린다. 이 내용은 너무나도 방대하여 주석에서 다루기는 부적절하다. 한 권 전체를 이에 대해서만 논한 책들도 있다(마리오 리비오의 〈The Golden Ratio: The Story of Phi, the World's Most Astonishing Number〉와 같은 책 말이다). 황금 분할은 무리수로 약 1.618 정도의 숫자이며, 파이(phi, Φ)라고 부른다. 고대 그리스 이래로 이 비율을 활용한 작품은 좀 더 아름답다고 간주하는 경향이 있다. 이러한 인식은 어느 정도 우리 뇌 속에 이미 들어있었던 게 아닌가 싶다. 황금비가 꽃줄기가 자라나면서 보여주는 나선형 패턴이나 앵무조개의 나선회전모양 그리고 인체의 특정한 비율 등과 같이 다양하게 자연현상에서 나타나기 때문이다(마리오 리비오의 책은

2011년 〈황금비율의 진실: 완벽을 창조하는 가장 아름다운 비율의 미스터리와 허구〉라는 제목으로 공존에서 출간되었다).

잡음에도 패턴이 있다　　　　　　44

알고리즘 정보 이론에서 나온 개념이다. 알고리즘은 복잡한 정보를 설명하는 우아한 방법이다. '22 나누기 7'이라는 나눗셈은 3.14285714이라고 쓰는 것보다 한결 짧다. 3.14285714을 보면 혼란스럽기만 하다(얼핏 보기에 원주율(π)처럼 보이지만 이건 원주율의 근삿값일 뿐이다). 나눗셈이라는 알고리즘을 사용하면 이렇게 크고 빽빽한 정보의 조각을 압축하여 22/7라고 간결하게 표현할 수 있다. 보기에 엄청나게 혼란스런 정보는 사실 매우 잘 짜인 정보일 수도 있다. 단지 이를 설명할 적절한 알고리즘이 무엇인지 모를 뿐일 수도 있다. 세 학자, 즉 안드레이 콜모고로프, 레이몬드 소로모노프, 그레고리 채틴이 거의 동시에 알고리즘 정보 이론을 제시했다. 모두 독자적으로 작업한 결과였다.

코드 세 개와 진심　　　　　　46

모든 음악에서 가장 기본적으로 사용되는 코드 진행은 토닉에서 서브도미넌트로 그리고 다시 도미넌트로 돌아오는 것이다. I-IV-V로 표기하기도 한다. 거의 모든 포크, 블루스, 고전 록에서 음정이 어떻게 변화하든 이 패턴이 계속해서 사용된다. 음악 이론에 의하면 특정한 코드는 자연스럽게 다른 코드를 이끄는데, 이는 코드에 있는 이끎음 때문이다. 5도 코드는 1도로 가고 싶어하는데, 5도 코드에 있는 음 중 하나가 토닉음보다 반 음정 낮기 때문이다. 5도 코드에서 멈추면 음악이 해소되지 않는 느낌을 준다. 이는 정보 이론의 한 표현이라고 볼 수도 있는데, 따라서 숙련된 음악가는 경험을 통해 어떤 코드의 다음에 올 화성 구조를 직관적으로 추측할 수 있다(역주: 코드 세 개와 진심(Three chords and the truth)은 컨트리 음악 작곡가 할란 하워드가 말한 유명한 표현 "컨트리 송을 만들려면 코드 세 개와 진심만 있으면 되지"에서 나온 말이다. 라프 코스터의 재즈 부심이 돋보이는 표현이라 하겠다).

감 5도　　　　　　46

메이저나 마이너 코드는 완전 5도음을 이용한다. 이는 두 음 사이가 반음정 7개 차이 나는 음이다(피아노의 검은 건반과 흰 건반을 합해서 7단계 차이). 감 5도 혹은 트라이톤(tritone)은 반음정 6개 차이 나는 음이며, 완전 5도나 완전 4도와 달리 극단적인 불협음이다. 고전적 음악에서 트라이톤은 '악마의 음정'이라 불리며, 사용이 금지되기도 했다. 그렇지만 재즈에서는 아주 일반적으로 사용된다.

얼터네이트 베이스　　　　　　46

베이스가 코드의 토닉과 완전 5도 사이를 꾸준히 오가며 연주하는 리듬이다.

꿰기와 로버트 하인라인　　　　　　48

로버트 하인라인의 책에 나온 정의는 다음과 같다. "꿰기는 완전히 이해해서 관찰자가 관찰 대상의 일부가 되는 것으로 그룹 활동을 통해 합쳐지고 섞이고 이어지며 독자성을 잃는 것을 뜻한다. 이는 우리가 종교, 철학 및 과학에서 뜻하고자 하는 거의 모든 것을 의미하지만, 맹인에게 색깔이 아무 의미가 없듯이 우리가 지구인이기에 꿰기도 우리에게 무의미하다." 하지만 화성에서 이 단어는 '마시자'라는 의미다.

뇌는 크게 세 가지 영역으로 나뉘어 작동한다　　　　　　48

인지과학자인 가이 클랙스턴이 2000년 에코출판사를 통해 출판한 〈Hare Brain, Tortoise Mind〉라는 책에서 이를 잘 설명하고 있다(국내에서는 2014년 〈거북이 마음이다: 크게 보려면 느리게 생각하다〉라는 제목으로 황금거북에서 출간되었다). 클랙스턴은 많은 문제들이 어떻게 자각이 있는 또는 'D-모드'인 뇌가 아닌 무의식의 상황에서 잘 풀리는지를 설명한다.

현실의 근사치　　　　　　48

우리는 언제나 근사치를 다루고 있으며, 이 근사치가 아마도 우리에게 유일한 현실일지도 모른다. 색은 색깔일까? 아니면 전자기적인 방출일까? 내 생각에 이에 대한 가장 좋은 예는 '무게'다. 물리학에 따르면 무게가 아닌 질량이 정확한 개념이다. 하지만 일상 생활에서는 '무게'면 충분하다.[2] 또 하나의 예로 뜨거운 물은 매우 들뜬 상태의 분자들로 구성되어 있다. 하지만 뜨거운 물이라 하더라도 거의 이동이 없는 분자들(그렇기 때문에 차가운 상태인 분자)도 들어 있다. 우리가 물의 온도를 이야기할 때 물 분자 수 조 개의 다양한 들뜸 상태 분포를 이야기하는 대신에, 그 상태의 평균을 '온도'라고 부른다. 물 분자는 너무나 작고 우리는 너무나 크기 때문이다. 루드비히 볼츠만은 '온도'와 '개별 분자의 들뜸 상태'의 차이를 설명하며 이는 **거시 상태**(macrostate)와 **미시 상태**(microstate)의 차이라고 말했다. 우리 두뇌가 작동하는 스키마타는 거시 상태이며, 이는 현실에 대한 알고리즘 형태의 표현이다. 온도와 들뜸 상태로 현실을 설명하려는 모형 모두 '현실'이지만, 일정 정도 간략화하는 것이 그렇지 않을 때보다 다루기 쉽다.

불 속에서 손 잡아채기   *50*

이런 경우 일반적인 반응 속도는 약 250밀리초다. 같은 행동을 의식하고 하면 약 500밀리초가 소요된다.

축구 선수와 본능적인 반응   *50*

게리 클라인은 자신의 저서 〈Sources of Power: How People Make Decisions〉에서 대부분의 복잡한 의사결정은 자각이 있는 생각이 아닌 처음에 받은 인상에 기반을 두고 내려진다고 설명한다. 놀랍게도 보통 첫인상이 맞다. 하지만 틀릴 경우 그 결과는 처참하다. 축구 선수에 대한 농담이 재미있는 것은 여기에 이런 진실이 있기 때문이다. 우리는 두뇌가 어떻게 작동하는지 인식하고 있다(국내에서는 2012년 〈인튜이션: 이성보다 더 이성적인 직관의 힘〉이라는 제목으로 한국경제신문사에서 출간되었다).

이해가 깊어지고   *52*

이 역시 정보 이론의 표현이다. 1948년 클로드 섀넌은 정보의 흐름이 확률적 이벤트의 연속이라는 개념을 제안하여 정보 이론의 기초를 만들었다. 제한된 기호의 집합을 가정하자(알파벳 같은 것 말이다). 이러한 연속된 집합 중 기호 하나가 주어졌다고 하자(알파벳 Q라고 해보자). 그러면 다음에 올 기호가 무엇인지 상당히 폭을 줄여서 추측할 수 있다(아마도 거의 U를 생각할 것이다). 이는 우리가 Q와 U가 동시에 존재하는 기호 시스템을 많이 알기 때문이다. Q 다음에 K가 나올 거라 생각하지는 않겠지만, Q.E.D의 E나 Qatar의 A를 생각해볼 수는 있다. 음악도 매우 질서정연하고 상당히 제한된 형식적 시스템이며, 그렇기에 '음악적 어휘력'을 높일 수 있다. 문제 영역 전체에 대한 감각을 개발할 수도 있다. 알파벳의 새로운 글자가 (마치 만돌린의 트레몰로처럼) 처음 접하는 것인 경우에도.

연습   *52*

현대 컴퓨터의 아버지로 알려진 앨런 튜링은 '튜링의 정지 문제'를 만들어낸 사람이기도 하다. 우리는 엄청나게 어려운 문제를 풀 수 있는 컴퓨터를 얻을 수 있다는 것은 알지만, 이 컴퓨터가 얼마나 빨리 답을 풀어낼 수 있을지는 알 수 없다. 어떤 예측 방법도 성립하지 않는다. 이는 처치-튜링 명제 때문인데 이전에 계산했던 문제는 무엇이든지 계산할 수 있지만, 이전에 계산하지 못한 문제는 불가지의 영역이라는 것이다. 오직 경험만이 문제의 범위를 알려준다. 쉽게 말해, 우리는 경험을 통해서만 무언가를 제대로 배운다.

심리 연습   *52*

이미지 트레이닝이라고도 불리며, 스포츠 트레이닝에서 널리 사용된다. 1992년 안느 아이작의 연구에 따르면 이미지 트레이닝은 운동선수가 기술을 증진시키는 데 도움이 된다. 다른 연구에서도 상세한 이미지 트레이닝이 자율신경계의 반응을 이끌어낸다는 것이 발견되었다. 여기서 중요한 것은 단순히 무언가 하는 것을 상상하는 것보다는 실제 연습이 훨씬 더 효과적이라는 것이다. 이미지 트레이닝을 통해서 효과를 보기 위해서는 심

---

2 역주: 사실 질량은 객체의 고유한 성질이고, 무게는 질량과 중력장에 따라 나타나는 상호작용의 결과. 무게와 질량은 다른 차원의 학문적 개념을 문외한이 오해하는 것으로 현실의 근사치를 설명하는 데 그리 적절하게 느껴지지는 않는다.

상이 매우 구체적이고 명확해야 한다. 지난 100년간 이미지 트레이닝의 가장 유명한 예시는 아마도 영화 〈피아니스트〉에서 에이드리언 브로디가 연기한 브와디스와프 슈필만이 나치에게 들키지 않기 위해 건반 위 허공에다가 손가락으로 연주하던 것이 아닐까 한다.

Chapter 3 ·····················

우리의 현실 인식은 기본적으로 추상적이다   *54*

레트빈, 마투라나, 맥컬러크, 피츠가 쓴 중요한 논문 'What the Frog's Eye Tells the Frog's Brain(개구리 눈이 개구리 뇌에 전달하는 것)'에 의하면 눈에서 출력된 것을 뇌가 '보는' 것은 실제 화상 이미지와 조금도 닮지 않았다. 빛과 그림자의 화상에 상당한 가공이 더해져 뇌가 대처할 수 있는 수준으로 변화시킨다. 극히 사실적인 측면에서 우리는 세계를 보는 것이 아니라, 우리 뇌가 보고 있다고 말해주는 대로 보는 것이다. 철학의 유아론(唯我論)이 그리 멀지 않다는 이야기다.

지도는 영토가 아니다   *56*

일반 의미론의 아버지라 불리는 알프레드 코지브스키의 주장을 압축한 것이다. "지도는 그게 나타내는 것처럼 영토 그 자체가 아니다. 맞다 하더라도 사용의 유용성을 위해 영토와 유사한 구조를 가지고 있는 것이다."

책에서 조합을 돌려보는 것   *56*

이 표현은 약간 강압적이다. 이런 방식을 의도하고 쓴 문학도 있다. 그런 예에는 하이퍼텍스트 소설 장르도 포함된다(스튜어트 몰트롭의 〈빅토리 가든(Victory Garden)〉이 좋은 시작점이다). 훌리오 코르테자르의 〈사방치기(Rayuela)〉처럼 다양한 순서로 읽도록 의도한 책도 있다. 그리고 물론 '인터랙티브 소설', 혹은 텍스트 어드벤처라 불리는 게임 장르는 컴퓨터를 활용한 이런 종류의 책이라고 볼 수 있다.

지나치게 중첩된 문장   *58*

2장에서 주석을 달기도 한 G. A. 밀러의 '청킹'에 나온 7 ± 2 같은 표현에서 잘 볼 수 있다. 지나치게 중첩된 문장인지 평가하는 과정에서는 각 단어가 이미 글자들의 조합으로 '청크화'되었다고 인식하는 것이 중요하다. 예시로 든 문장은 제인 로빈슨의 1974년 논문 'Performance Grammars(문법의 실적용)'에서 가져왔다(http://www.sri.com/sites/default/files/uploads/publications/pdf/1384.pdf).

다양하게 해석할 수 있는 상황   *58*

이 표현은 사람이 흥미를 가지는 게임 패턴에 대한 나의 해석이며, 비더만과 베셀의 엔도르핀과 뇌의 쾌락 피드백에 관한 연구에서 사용되었다. 이를 게임에 적용하는 방법에 대한 논의는 크레이그 페르코의 블로그에서 볼 수 있다(http://blog.ihobo.com/2012/05/implicit-game-aesthetics-4-cooks-chemistry.html).

규칙의 한계   *58*

괴델의 정리를 게임에 맞는 방식으로 설명한 것이다. 쿠르트 괴델은 1931년 'On Formally Undecidable Propositions in Principia Mathematica and Related Systems(수학 원리 및 관련 체계에서 형식적으로 결정 불가능한 명제들에 대하여)'라는 논문에서 주어진 형식적 체계의 경계를 벗어난 명제가 있다는 사실을 증명해냈다. 어떤 형식적 체계도 그 자체로 완전할 수 없다. '마법의 원'은 기본적으로 모델의 완전성을 유지하려는 노력이며, 수학적으로 한 체계를 완전히 정의하려 한 힐베르트의 관점과 같은 방식이다. 정말 오래 살아 남은 견고하게 정의된 게임은 플레이어에게 진정 어려운 수학 문제인 경우가 많다. 그런 게임은 NP-난해 복잡으로 분류되곤 한다. 좀 더 살펴보려면 내가 2009년 GDCO에서 발표한 '게임은 수학이다'를 참고하기를 권한다(http://www.gdcvault.com/play/1011924/Games-are-Math-10-Core, 역주: 이 링크에서는 라프 코스터의 육성도 함께 들을 수 있다).

엔도르핀 — 60

엔도르핀은 '자가생성 모르핀(endogenous morphine)'의 약자다. 우리가 재미를 느낄 때 약에 취한 것이라는 말은 농담이 아니다! 엔도르핀은 마약이다. '등골이 오싹한' 효과는 보통 엔도르핀이 척수를 따라 흐르는 것으로 설명될 수 있다. 물론 이런 효과를 주는 것은 즐거움만은 아니다. 두려움에 의한 아드레날린 폭주도 비슷한 감각을 준다.

미소와 함께 끝나는 — 60

행복하면 웃게 될 뿐만 아니라 웃으면 행복해지게 된다는 그럴듯한 증거들이 있다. 감정에 대해 더 읽어보려면 폴 에크만의 글을 권한다.

학습은 마약이다 — 60

"재미는 학습의 감정적 반응이다."(크리스 크로포트, 2004년 3월). 또한 비더만과 베셀의 연구에 의하면 호기심 자체는 본질적으로 즐거운 것이다.

감각 과잉 — 62

의식이 받아들일 수 있는 입력 허용량은 초당 16비트 정도에 불과하다. 감각 과잉은 **정보**의 양과 **의미**의 양의 차이에 의한 것이라고 생각할 수 있다. 매우 많은 정보지만 의미는 별로 없는, 원숭이가 타자를 쳐서 쓴 책 같은 것을 예로 들 수 있다. 정보는 매우 많지만 그로부터 의미를 끌어낼 수 없을 때, 우리는 과잉이라고 여긴다.

스킬라와 카리브디스 — 62

그리스 신화에는 이 두 괴물이 좁은 해협의 양쪽에 앉아 있다는 이야기가 있다. 뱃사람들은 둘 중 어느 쪽에도 가까이 가지 않기를 바라며 항해한다.

타점 — 64

야구에서 '타격당 득점'을 말한다. 이 통계치는 플레이어가 타석에서 플레이를 한 결과 점수가 날 때마다 기록한다. 상대편의 실책이나 더블플레이가 발생한 경우는 포함하지 않는다.

재미는 학습의 다른 표현일 뿐이다 — 66

놀이 이론가 브라이언 서턴 스미스는 이것을 '놀이의 레토릭(rhetorics of play)' 중 하나라고 불렀다. 그는 자신의 책 〈The Ambiguity of Play〉에서 몇 가지 더 찾아냈는데, 게임으로 자신의 운을 시험하거나, 국운을 살피기도 했다는 것이다. 나는 그가 찾아낸 레토릭 거의 대부분을 학습과 연습의 새로운 원천으로 보고, 밸런스를 게임의 다른 활용법으로 보았다. 최근에는 디자이너 크레이그 페르코가 '게임의 미적 요소'라고 부르는 것에 대해 규정하는 글을 여러 편 썼다. 학습과 숙달의 과정을 게임 구조에서 가능한 가치 있는 일로 인식하는 것이다. 많은 게임학자가 지적했듯이, '플레이'는 데리다적으로 볼 때 '운동'이나 '자유도'다(살렌, 짐머만, 보고스트). 재미에 관한 내 정의에 비추어볼 때 우리가 하고 있는 학습은 본질적으로 이러한 운동의 공간을 그려내는 것이다.

Chapter 4 ·

게임 디자이너를 위한 대학 과정 — 68

관심이 있다면 국제 게임 개발자 연맹의 학생지원 관련 페이지를 추천한다(https://www.igda.org/?page=chaptersacademic).

〈피노클〉 — 68

카드 게임의 한 종류. 포커나 브릿지에서 사용하는 일반적인 카드 52장하고는 약간 다른 카드를 사용한다. 포커랑 비슷하게 특정한 카드의 배열('멜드'라고 한다)을 맞춘 숫자에 기반을 두고 점수를 얻지만 브릿지처럼 '트럼프(다른 배열보다 더 높은 순위의 배열)'에 입찰할 수도 있다.

고린도전서 — 68

고린도전서 13장 11절을 인용했다. 다음은 개역한글판 성경의 13장 11절부터 13절까지의 내용이다(역주: 원서는 킹 제임스 버전의 성경을 인용하였다).

"내가 어렸을 때는 말하는 것이 어린 아이와 같고 깨닫는 것이 어린 아이와 같고 생각하는 것이 어린 아이와 같다가 장성한 사람이 되어서는 어린 아이의 일을 버렸노라. 우리가 이제는 거울로 보는 것 같이 희미하나 그때에는 얼굴과 얼굴을 대하여 볼 것이요 이제는 내가 부분적으로 아나 그 때에는 주께서 나를 아신 것 같이 내가 온전히 알리라. 그런 즉 믿음, 소망, 사랑, 이 세 가지는 항상 있을 것인데 그 중에 제일은 사랑이라."

게이미피케이션　　　　　　　　　　　70

이에 대해 두 가지 강력한 비판이 있다. 마가렛 로버트슨의 블로그 포스트 'pointsification(http://hideandseek.net/2010/10/06/cant-play-wont-play/)'과 이안 보고스트의 〈The Atlantic〉의 기고문 'Gamification is Bullshit(http://bit.ly/gamification-bogost-atlantic)'을 참고하기 바란다.

비형식적 규칙으로 이루어진 게임　　　72

많은 이론가가 '게임'에서 '놀이'에 이르는 다양한 스펙트럼을 만들었다. 소아심리학자인 부르노 베텔하임은 놀이의 형태를 환상(혼자 혹은 여럿이 함께), 연계 스토리텔링, 커뮤니티 구성, 장난감 놀이 등으로 정의하였다. 그는 게임을 개인이나 팀이 다른 사람, 혹은 스스로 정한 한계점과 경쟁하는 것이라고 보았다. 물론 연계 스토리텔링이나 사회적 관계 구성은 드러나지 않은 규칙을 통해 더 공고해질 것이다. 내가 논의하고자 하는 것은 우리가 '놀이' 또는 '비형식적인' 게임이라고 생각하는 것이 고전적으로 게임이라고 정의하는 것에 비해 규칙이 더 많을지도 모른다는 것이다.

계급 구조의 강력한 부족 중심 영장류　　72

인간 사회가 가진 부족 활동과 동물적인 본성에 대해 놀랄 만한 통찰을 가진 재레드 다이아몬드의 책 중 특히 〈The Third Chimpanzee(Harper, 2006)〉와 〈Guns, Germs, and Steel(W.W. Norton and Company, 1999)〉를 강력 추천한다(〈제3의 침팬지〉는 2015년에, 〈총, 균, 쇠〉는 2005년에 문학사상에서 번역 출간되었다).

우리 주변의 환경과 공간을 조사　　　74

많은 게임은 그래프 이론 문제처럼 해석할 수 있다. 여기가 그 친구들이 게임은 모두 교점으로 이루어졌다는 말이 성립하는 지점이다. 그 친구들은 공간을 보는 관점을 말 그대로 '레벨업'시킨 사람들이다. 그 친구들은 너무나도 많은 땅 따먹기 게임을 해왔기 때문에 어떤 형태의 땅 따먹기 게임이라도 내가 보지 못하는 그래프와 패턴으로 축약할 수 있다.

데카르트 좌표계　　　　　　　　　　74

르네 데카르트가 고안한 전통적인 좌표계로, 직교축 두 개로 정의된 2차원 공간에서 점의 위치를 정하는 것이다. 이는 대부분의 대수학의 기반이 된다(그뿐만 아니라 대부분의 컴퓨터 그래픽의 기초이기도 하다). 이는 공간이 어떻게 '구성'되었는가에 대한 기본 가정이기도 하지만, 그래프 이론에 따라 다양한 다른 형태의 공간도 가능하다.

유향 그래프　　　　　　　　　　　　74

여기서 유향 그래프는 점 혹은 노드가 선으로 연결되어 있고(수학적 언어로 표현하자면 꼭짓점과 모서리), 그 선에 방향성이 있는 것을 뜻한다. 아이들용 보드게임의 고전인 〈뱀주사위게임〉을 생각해보자. 말판에 있는 길과 사다리는 말판의 점을 연결하는 방향성 있는 연결선으로 볼 수 있다. 플레이어는 길 위에서 오직 한 방향으로만 이동할 수 있다. 이 게임은 데카르트 좌표계를 사용하지 않는다. 두 점 사이에 가장 짧은 거리는 말판에서의 물리적 거리와 전혀 상관없으며, 특정 점에서 이동에 소요되는 칸 수가 더 중요하다. 〈모노폴리(한국의 경우는 〈부루마불〉)〉 같은 '트랙' 게임은 모두 실질적으로 유향 그래프다.

테니스 코트는 두 가지가 공존　　　74

테니스는 네트로 나뉜 두 공간에서 이루어지며, 이는 두 가지 방법으로 해석할 수 있다. 테니스 코트를 노드를 이용해 그래프로 그려보면 노드가 총 네 개, 즉 테니스 코트 두 개와 양 끝단에 있는 아웃 오브 바운스 영역 두 개가 있다고 말할 수 있다. 이 게임은 공을 자신의 노드에서 상대방의 아웃 오브 바운스 영역으로 보내는 게임이다. 물론 이 게임은 전통적인 좌표계에서도 플레이된다. 노드 안에서 플레이어의 위치야말로 대부분의 전략이 발생하는 부분이다.

실제적인 것을 맞추는 게임   74

내가 좋아하는 것은 〈테트리스〉, 〈블로커스〉와 〈루미스〉 등이 있다(역주: 〈테트리스〉는 컴퓨터 게임이고, 〈블로커스〉와 〈루미스〉는 보드게임이다).

개념적인 것을 맞추는 게임   74

아마도 〈포커〉가 가장 명쾌한 예일 것 같지만, 많은 카드 게임이 이런 방식으로 작동하며, 〈카르카손〉 같은 타일을 내려놓는 형태의 보드게임도 비슷한 개념을 사용한다(역주: 〈카르카손〉은 국내 대형 마트에서도 손쉽게 구할 수 있는 보드게임이다).

분류나 분류 체계에 관한 게임   74

〈우노〉나 〈고피쉬〉 같은 카드 게임, 그리고 심지어는 메모리 게임류도 사물을 집합으로 분류하는 방식이다.

한 턴에 끝나는 게임   76

가위바위보로 의사결정을 하는 경우를 생각해볼 수 있다("누가 밥값을 낼지 가위바위보로 결정하자"). 또는 수학 게임인 〈노믹(http://en.wikipedia.org/wiki/Nomic)〉이나, 영국에서 만든 패러디 '게임 아닌 게임'인 〈모닝턴 크레센트(http://bit.ly/wiki-mornington)〉가 이에 해당한다.

가르침을 제대로 배우지 못했다(확률 게임)   76

어떤 입담가들은 도박을 '수포자들의 세금'이라고 부르기도 한다. 확률은 인간의 정신이 곤란을 겪는 영역 중 하나다. 전형적인 예는 동전 던지기를 여러 번 하는 것이다. 동전 던지기는 앞면과 뒷면이라는 두 가지 가능성만 존재한다. 만약 동전을 던져서 앞면이 연속으로 7번 나왔다면, 그 다음에 뒷면이 나올 확률은 어떻게 될까? 질문을 어떻게 바꿔 보아도 그 답은 여전히 50%다. 만약 "앞면이 8번 연속해서 나올 확률은 어떻게 되는가?"

라고 묻는다면 답은 크게 달라질 것이다($1/2^8$). 이러한 우리의 약점을 가지고 농락하는 것이 마케터와 사기꾼들의 오래된 수법이다. 불행하게도 이렇게 확률을 제대로 인식하지 못하는 태생적인 장애는 우리 두뇌가 확률을 '과도하게 긍정적으로 판단'하도록 만들기 때문에 길게 보면 카지노가 언제나 이기는 상황에서도 도박을 하도록 강화하는 결과를 낳는다.

블랙잭에서 카드 카운팅   76

카드 카운팅은 대략적인 통계 분석을 통해 다음에 필요한 카드를 뽑을 확률을 판단하는 것이다. 이는 블랙잭에서 나올 수 있는 패가 유한하고 형태가 제한적이기 때문에 가능하다. 카드 카운팅에 대한 상세한 설명은 다음 링크를 참고하기 바란다(http://en.wikipedia.org/wiki/Card_counting).

도미노   76

'더블(양쪽에 같은 숫자가 있는 도미노 패)'이 있을 경우에만 도미노 라인이 꺾일 수 있기 때문에 해당 숫자가 몇 번이나 사용되었는지, 플레이어의 손에는 몇 개가 남아있는지를 계산할 수 있으며, 이를 바탕으로 어떤 숫자가 나중에 나올지 혹은 나오지 않을지를 알 수 있다. 다른 플레이어들이 가장 높은 숫자의 도미노 패부터 없애는 최적의 전략을 사용한다고 가정할 경우 상대가 어떤 패를 내는가에 따라 손에 있는 도미노 패를 짐작할 수 있다.

사회적 지위 향상을 위해 경쟁하는 소녀   78

로잘린드 와이즈먼의 책 〈Queen Bees and Wannabes: Helping Your Daughter Survive Cliques, Gossip, Boyfriends, and Other Realities of Adolescence〉에서 이러한 세계를 잘 살펴볼 수 있다(국내에서는 2015년 〈여왕벌인 소녀, 여왕벌이 되고 싶은 소녀〉라는 제목으로 시그마북스에서 출간되었다).

슈팅 게임 78

점수를 얻기 위해 목표물에 발사체를 명중시켜야 하는 비디오 게임의 한 종류. 일반적으로 1인칭 슈팅 게임(FPS)과 2차원 슈팅 게임으로 나뉜다.

격투 게임 78

플레이어가 무술가를 조종하는 비디오 게임의 특정 장르. 일반적으로 특정 버튼 조합을 통해 각각 차기, 펀치, 회피, 반격 등의 기술을 사용해서 싸우는 게임이다. 이런 게임은 주로 일대일 싸움의 형식을 취한다.

〈카운터스트라이크〉 78

플레이어가 테러리스트 또는 테러 대응팀 중 하나를 골라 진행하는 팀제 1인칭 슈팅 게임이다. 각 팀의 목표는 약간 다르고 제한 시간 동안에 승부를 내야 한다. 승리를 위해서는 매우 높은 수준의 팀워크가 필요하다. 〈카운터스트라이크〉는 가장 유명한 온라인 액션 게임의 자리를 여러 해 동안 유지한 바 있다.

가상 공간에서 총을 쏘는 연습 78

훈련이 생사를 가르는 전문직의 경우, 훈련은 가능한 한 실제 현장과 유사하도록 구성된다. 화면에 대고 마우스를 누르거나 키보드를 조작하는 것으로는 총기 반동, 무게감, 크기, 총에 맞은 부위에 다른 반응 같은 부분의 현실감을 전달할 수 없다. 이는 탱크나 비행기를 조작하는 경우에도 마찬가지다. 인터페이스는 무지막지하게 중요하다.

보급품 배급 게임 80

1943년 Jay-Line Mfg.사가 만든 게임으로 그냥 레이션 보드게임이라고도 부른다. 보드게임긱 사이트에 이에 대해 잘 설명되어 있다(http://boardgamegeek.com/boardgame/27313/ration-board).

〈체스〉와 퀸 82

〈체스〉는 1400여 년 전 인도에서 기원한 것으로 보인다. 퀸은 가장 이동력이 좋은 말로, 보드판 위에서 원하는 어떠한 거리라도 대각선, 수직 및 수평으로 이동할

수 있다. 이러한 움직임은 15세기가 되어서야 적용되었으며, 어떤 사람은 유럽의 정치계에서 국가 수반으로서 여왕의 지위가 상승함에 따라 나타난 현상이라고 주장하기도 한다.

〈만칼라〉 82

이 가족용 게임은 〈만칼라〉, 〈오와레〉, 〈와리〉 등 다양한 이름으로 불린다. 이 게임은 보드에서 우물을 통해 씨앗이나 조약돌을 이동하는 요소를 공통적으로 가지고 있다. 씨앗을 가지지 못한 상대방을 쫓아내지 못하는 버전은 〈오와레〉라고 불리며, 아프리카 전역에 널리 퍼져 있다. 〈오와레〉라는 이름은 직역하면 '그/그녀가 결혼하다'라는 뜻이다.

오늘날의 농사 게임 82

〈아그리콜라〉 같은 유럽 보드게임, 〈팜빌〉 같은 소셜 게임, 〈보난자〉 같은 카드 게임이 이에 해당한다. 하지만 이 게임들 중 어디에도 〈만칼라〉에 있는 농업 사회의 특성은 들어있지 않다.

〈디플로머시〉 84

대인 관계 전략 보드게임의 고전인 〈디플로머시〉는 세계지도 위에서 각각 열강의 대표자가 되어 외교 협정을 맺거나 때로는 배반하는 게임이다.[3]

역할 놀이(롤플레잉) 84

일반적으로 롤플레잉 게임은 플레이어가 다른 인격의 역할을 연기하는 게임이다. 전통적으로 종이와 연필을 사용하는 롤플레잉 게임은 특수한 형태의 합동 연기에 가깝지만, 컴퓨터 롤플레잉 게임은 캐릭터의 능력 수치

---

3 역주: 최강의 우정파괴 게임이라고도 불리며, 80년대와 90년대에는 이메일로 게임을 하기도 했다. 이메일로 게임을 하는 경우 게임 마스터가 게시판에 진행 상황을 공지하면 주어진 기간 동안(보통 1주) 각 열강국과 토론, 협상 등을 끝내고 최종적으로 게임 마스터에게 병력 배치를 보낸다. 한국인에게는 〈Colonial Diplomacy〉를 추천하는데, 세계 열강이 한국이라는 나라에 대해 얼마나 고심하게 되는지를 뼈저리게 느낄 수 있다. 온라인에 규칙과 지도가 공개되어 있으니 7명 정도 모여서 게임을 한 번 해보는 것을 진심으로 추천한다.

를 올리는 것을 훨씬 더 많이 강조한다. 롤플레잉 요소가 있는 게임은 일반적으로 시간이 지날수록 캐릭터가 점점 더 강력해진다.

점액질의 끈적끈적한 것　　　　　　　86

내가 다양한 대상에 역겨움을 느끼는 수준이 어떠한지 테스트할 수 있는 간단한 온라인 테스트 링크는 다음과 같다(http://www.bbc.co.uk/science/humanbody/mind/surveys/disgust/). 이 테스트는 런던 위생 및 열대의학 대학의 발 커티스 박사의 연구 내용에 기반을 둔다.

덩치 큰 녀석들이 이끄는 그룹　　　　　　88

설득이라는 관점에서 인간의 마음이 가진 수많은 허점에 대해 좀 더 관심이 있다면 로버트 치알디니의 멋진 책 〈The Psychology of Persuasion〉을 추천한다(국내에서는 1996년 〈설득의 심리학〉이라는 제목으로 21세기북스에서 출간되었다).

타집단에 대한 본능적인 반감　　　　　　88

사회학과 심리학에서 수많은 연구가 이에 대해 다루고 있으나, 그중 가장 섬뜩한 사례는 아마도 스탠포드 감옥 실험일 것이다.[4]

'땅에 소금 뿌리기'　　　　　　　　88

이게 카르타고에서 실제로 벌어졌다는 역사적인 증거는 없다. 히타이트나 아시리아 제국에서 주술적인 목적으로 행해졌을 수는 있겠으나, 역사적으로 볼 때 과거에

4　역주: 스탠포드 감옥 실험은 1971년 스탠포드의 심리학 교수가 교도소의 상황을 이해하기 위해 지원자들에게 수감자와 교도관의 역할을 주고 진행한 실험이었는데, 교도관 그룹이 폭력적으로 변하고 수감자들은 수동적으로 변화하며 다양한 인권 유린 상황이 발생하여 중단된 실험이다. 이러한 임상 피해 사례로 인해 1974년 IRB(Institutional Review Board)라는 기관 생명윤리위원회에서 인간을 대상으로 하는 실험의 윤리적 적절성 여부를 심사/관리/감독하는 것이 의무화되었다. 스탠포드 감옥 실험에 대해 좀 더 궁금하다면 실험을 진행한 짐바르도 교수가 쓴 책 〈루시퍼 이펙트(웅진씽크빅, 2007)〉를 참고하기 바란다.

는 오늘날보다 인구의 이동이 상당히 적은 편이었으므로 농토를 훼손하는 것은 무모한 행동이었을 것이다. 동맹을 바꾼다는 것은 오늘날의 적이 내일의 동지가 된다는 뜻이었다.

무조건적인 복종　　　　　　　　88

브렌다 로메오의 〈The Mechanic is the Message〉 시리즈는 게임 내에서 맹신적인 복종으로 인한 긴장감이 핵심이다. 특히 보드게임 〈트레인(http://www.blromero.com/train/)〉은 끔찍한 행동을 하기로(혹은 시스템을 뒤집을 방법을 찾기로) 플레이어들이 공모하는 게임이다.

점핑 퍼즐　　　　　　　　　　90

게임에서 자주 볼 수 있는 도전 과제인 점핑 퍼즐은 정확한 타이밍에 맞추어 점프를 연속으로 성공시켜야 한다. 점핑 퍼즐은 디자이너의 상상력이 부족하다고 폄하되는 경우가 많다.

타일 기반　　　　　　　　　　90

구분된 사각형 격자나 타일 위에 이미지를 씌운 것으로 구성한 컴퓨터 그래픽을 나타내는 용어. 일반적으로 게임에서 두 타일 간의 경계에는 아무것도 없다.

위상기하학　　　　　　　　　　90

좀 더 구체적으로는 형태가 찌그러져도 변하지 않는 도형의 특성을 다루는 기하학의 한 분야다. 이론적으로 마음대로 찌그러트릴 수 있는 육면체가 있다면 이 육면체로 공을 만들 수 있다. 하지만 도넛을 만들려면 가운데에 구멍을 내야 한다. 도넛은 주전자로 쉽게 만들 수 있다. 구멍으로 손잡이를 만들면 된다. 이러한 것을 '연속적 변형'이라고 부르며, 이렇게 다른 모양으로 바꿀 수 있는 도형을 '위상동형(homeomorphic)'이라고 부른다. 다양한 게임 디자인이 서로 위상동형인 것을 자주 볼 수 있다. 게임 디자인 간의 차이는 육면체와 도넛의 차이보다는 육면체와 공의 차이에 더 가깝다.

플랫폼 게임 *90*

사방을 돌아다니며 사물을 모으거나 지도의 모든 공간을 방문하도록 만드는 광범위한 종류의 게임을 총칭한다. 초기에 플랫폼(가교)을 기본적으로 활용하였기에 플랫폼 게임이라고 이름이 붙여졌다.

〈프로거〉 *90*

혼잡한 길과 강을 건너 반대편의 안전한 곳으로 개구리를 이동시키는 간단한 공간 횡단 게임. 도로와 강은 같은 장애물이지만 솜씨 좋은 그래픽 작업으로 인해 전혀 다른 플레이 경험을 만들었다.

〈동키콩〉 *90*

초창기 아케이드 플랫폼 게임 중 하나로 플레이어는 배관공 마리오가 되어서 거대 고릴라에게 납치된 여자친구를 구해야 한다. 경사진 플랫폼 위에서 굴러 내려오는 드럼통을 점프해서 피하면서 거대 고릴라가 있는 건물 꼭대기까지 올라가야 한다.

〈캥거루〉 *90*

또 하나의 초창기 아케이드 플랫폼 게임. 이 게임에서 플레이어는 캥거루 엄마가 되어서 아기 캥거루 조이를 구해야 한다. 위로 올라가려고 시도할 때마다 화면 옆에 있는 원숭이들이 사과를 던지며 방해한다.

〈마이너 2049er〉 *90*

8비트 컴퓨터 시스템의 초기 플랫폼 게임으로 〈팩맨〉과 위상기하학적으로 매우 유사하다. 플레이어는 광부가 되어 지도의 모든 곳을 밟아야 한다. 플레이어가 지지대 위를 지나가면 지지대 색깔이 변하면서 여기를 밟았다는 것을 표시해준다.

〈큐버트〉 *90*

지도 횡단 게임으로 전통적인 데카르트 좌표계가 아닌 다이아몬드 삼각 격자판 위에서 게임이 진행된다. 유향 그래프 요소가 있는 지점도 포함되어 있어서 지도 옆에 있는 작은 디스크로 점프하면 삼각형 맨 위로 올라갈 수 있다. 다시 말해, 이 게임의 목표는 적과 충돌하지 않으면서 그래프의 모든 점을 방문하는 것이다.

〈로드 러너〉와 〈애플 패닉〉 *90*

8비트 컴퓨터용으로 만들어진 복잡한 플랫폼 게임으로 플레이어는 적에게 잡히지 않고 화면의 모든 물체를 모아야 한다. 하지만 다른 플랫폼 게임과 다르게, 물체를 떨어뜨려서 일시적으로 바닥의 일부를 없애는 방식으로 지도를 바꿀 수 있다. 적은 바닥에서 떨어지면 갇히게 된다. 적이 탈출하기 전에 바닥을 고치면 적을 제거할 수 있다. 모아야 하는 물체가 깊숙이 숨겨져 있는 경우가 많아서 이 기능을 사용해 목숨을 걸고 터널을 만들어야 하는 경우가 종종 발생한다. 높은 레벨로 올라가면 퍼즐이 매우 어렵다.

선형으로 구성된 3차원 게임 *90*

3차원으로 구현되었으나 자유롭게 공간을 돌아다닐 수 없는 게임을 일컫는 용어.

진짜 3차원 *90*

플레이어가 이동할 때마다 3차원 공간과 3차원 렌더링을 모두 사용하는 게임을 일컫는 용어.

비밀 *92*

게임의 레벨에 숨겨져 있는 물체를 일컫는 용어. 많은 게임이 탐험의 보상으로 이 비밀을 수집하는 것을 또 다른 성공의 축으로 사용한다.

픽업(집어 들고) *92*

플레이어가 수집하여 새로운 기능을 얻을 수 있는 게임 내 물체에 대한 일반적인 용어. 고전적인 초창기 사례로 〈팩맨〉에서 플레이어가 유령을 먹을 수 있게 만들어주는 큰 점, 〈동키콩〉에서 통을 부실 수 있게 해주는 해머 등을 들 수 있다.

원유 가격이 상승할지 아닐지 *92*

이러한 종류의 게임은 다양한 형태로 실제로 존재하는데, 가장 유명한 것은 기능성 게임인 〈World Without Oil〉로 플레이어는 전 세계적인 석유 위기를 협력하며 헤쳐나가야 한다. http://worldwithoutoil.org/를 참조하라.

체공시간 94

〈Develop Magazine(2002년 8월호)〉의 벤 커즌스의 기고문에서 이 내용을 다루었다. 저자는 게임플레이 평가가 좋았던 인기 게임들은 레벨 소요 시간이 약 1분 10초 주변에 몰려 있고, 캐릭터가 점프했을 때 공중에서 머문 체공시간은 0.7초 근방이며, 전투 동작을 연속으로 세 번 수행하는 데 걸리는 시간은 2초 정도라고 한다. 벤 커즌스는 이러한 수치가 좋은 플레이의 기준으로 고려되어야 한다고 주장했다.

시간제한 94

플랫폼 게임에서 특히 많이 사용되며, 많은 게임에서 공통적으로 적용되는 방법으로 플레이어가 이전에 했던 활동을 더욱 더 짧은 시간 안에 하도록 요구하는 것을 말한다.

〈레이저 블라스트〉 94

데이비드 크레인이 디자인하고 액티비전이 출시한 간단한 슈팅 게임으로 아래쪽으로 다섯 방향 중 한 쪽으로 총을 쏠 수 있는 비행접시가 등장하고, 화면 아래에는 탱크 세 대가 있다. 발사는 즉각적으로 이루어지며 탱크가 쏘기 전에 먼저 정확한 각도로 쏘는 게임이다.

아타리2600 94

콘솔 산업에서 최초로 대박을 친 게임기로 1970년대 후반부터 1980년대 초까지 전성기를 누렸다.

계량화 96

데이터 안에서 연속적인 가치를 추출하고, 데이터를 강제로 특정 패턴에 맞추는 활동. 예를 들어 연속적인 음영 변화를 가진 흑백 사진을 256단계 음영 이미지로 바꾼다든가 박자가 고르지 않은 음악을 완벽하게 수학적으로 일치하는 리듬으로 바꾸는 것 등을 예로 들 수 있다.

격투 게임 다섯 가지 96

이 발언이 논란을 불러일으킬 거라는 것쯤은 알고 있다! 내가 확인한 게임 다섯 가지는

- 가위바위보: 플레이어는 물리적으로 이동하지 않는다. 공격 형태는 세 가지로 각 공격은 상대방을 한 번에 죽일 수 있다.
- 데이터이스트의 〈가라데 챔피언〉 같은 초기 격투 게임. 플레이어는 상대방에 근접하거나 상대방으로부터 멀어지는 등의 이동을 할 수 있다.
- 위에서 분기된 게임 형태로 옆으로 이동하면서 연속해서 나오는 적들과 싸우는 격투 게임. 〈가라테카〉 같은 게임이 여기에 해당된다.
- 3차원 그래픽을 기술적으로 구현할 수 있게 되자 출시된 〈버추어파이터(세가, 1993)〉 같은 초창기 3차원 격투 게임은 플레이어가 서로 마주보고 이동하도록 축이 고정되어 있다. 〈투신전(타카라, 1995)〉에서 이러한 고정된 축을 처음으로 깼다. 〈투신전〉은 내가 기억하기로 상대방의 얼굴만 마주보는 게 아니라 다른 각도로도 회전할 수 있는(횡 이동) 최초의 격투 게임이었다.
- 〈부시도 블레이드(스퀘어, 1997)〉가 나오면서 자유롭게 이동할 수 있는 3차원 격투 게임이 등장했다. 이 이후에는 메카닉 측면에서 새로운 게임은 나오지 않았다고 확신한다.

콤보 96

많은 게임이 플레이어가 일련의 움직임을 정확히 수행했을 경우 보상을 제공한다. 주로 공격을 할 때 추가적인 데미지를 주는 형태로 이러한 행동에 대한 보너스를 제공한다.

다 쏴 죽여 98

"shoot 'em up"의 속어. 주로 2차원 그래픽의 제약이 있는 슈팅 게임의 하위 장르를 말한다.

〈스페이스 인베이더〉 98

최초의 다 쏴 죽여 게임인 〈스페이스 인베이더〉는 타이토사가 만들었으며, 화면 아래 가장자리를 이동하는 탱크와 탱크를 보호하는 장벽(총에 맞으면 조금씩 무너진다), 그리고 화면 위쪽에서 총을 쏘면서 아래로 가차 없이 행진하는 외계인 군대가 나온다. 다가오는 적의 수를 줄이면 적들의 움직임이 더 빨라진다.

〈갤럭시안〉 98

화면 아래로만 무리 지어 이동하는 〈스페이스 인베이더〉의 적의 움직임을 개선한 게임으로 무리에서 벗어나 플레이어에게 폭격을 하는 외계인이 추가되었다.

〈자이러스〉 98

〈갤럭시안〉에서 파생된 게임으로 전장을 원형으로 변형했다. 플레이어는 바깥쪽 동심원을 따라 움직이며 적은 중앙에서 등장해 나선형으로 회전하며 다가온다.

〈템페스트〉 98

아타리사가 제작한 아케이드 게임으로 플레이어가 다양한 동심원형 도형의 외각선을 따라 이동하는 방식인데, 효율적인 방법으로 게임의 배경이 다양하게 보이도록 만들었다. 배경의 일부는 위상기하학적으로 원형이며, 일부는 선형으로 구성되어 있다.

〈고프〉 98

레벨이 변할 때마다 적군이 눈에 띄게 달라지며, 각 스테이지마다 최종 보스로 모함이 등장하는 등의 특징을 가진 변화무쌍한 아케이드 슈팅 게임이다.

〈잭손〉 98

아이소메트릭 스크롤링 슈팅 게임이 없었던 것은 아니지만 사실상 대부분은 완전한 2차원 슈팅 게임에 몇 가지 시각적 트릭을 적용한 것이다. 하지만 잭손은 수직 이동을 추가하여 높이가 다른 장애물이나 표적이 등장했다. 이로 인해 우주선을 조정하는 게 힘들었지만 당시로는 놀라운 그래픽을 선보였다. 이런 게임플레이 스타일을 활용했던 게임은 그리 많지 않다. 제1차 세계대전

을 배경으로 폭격 기능이 추가되었던 〈블루맥스〉와 그 속편 정도가 예다.

〈지네잡기〉 98

지금까지 나온 슈팅 장르 게임 중 매우 대단한 게임 중 하나로 이전 게임에서 등장한 여러 가지 핵심 개념을 확장하여 사용한 것이 특징이다. 화면 아래에서 제한적이지만 평면으로 자유롭게 이동이 가능하여 적이 플레이어 뒤의 공간에도 있을 수 있었다. 〈스페이스 인베이더〉와 유사한 형태의 장벽이 있었으나, 버섯 모양의 이 장벽은 화면 어디에나 존재할 수 있었다. 다양한 종류의 적이 등장하는데, 어떤 적은 화면 아래로 행진하는가 하면 어떤 적은 급강하 공격을 하기도 했다. 마지막으로 트랙볼을 사용하여 조종하게 했는데, 조이스틱으로 조종하는 다른 슈팅 게임과 달리 단순한 등속 이동이 아니라 가속을 제어할 수 있었다.

〈애스트로이즈〉 98

토로이드형 전장에서 싸우는 슈팅 게임. 물론 전체 토러스 구조는 사용자가 볼 수 없다. 플레이어는 소행성이 떠다니는 황량한 검은 화면 안에 등장한다. 천장과 바닥, 오른쪽과 왼쪽이 서로 연결되어 이동할 수 있다. 플레이어가 소행성을 맞출 때마다 소행성은 작은 조각으로 부서진다. 가장 작은 소행성 조각을 쏘면 사라진다. 우주선은 관성 물리학이 적용되는 그럴듯한 2차원 시뮬레이션을 이용하여 조종한다. 그 때문에 우주선을 조종하기 어려웠던 대부분의 사람들은 움직이지 않고 회전포탑처럼 게임을 플레이했다.

〈갤러그〉 98

〈갤럭시안〉의 속편으로 보너스 레벨과 파워업(납치당한 플레이어의 우주선을 다시 되찾아 오면 화력이 두 배) 같은 다양한 핵심 개념을 도입하였다.

〈로보트론〉 98

윌리엄스사가 게임의 혁신을 활발하게 이끌던 시기에 개발된 고전 게임 중 하나. 조이스틱 두 개로 조종했는데, 하나는 이동을 담당하고, 다른 하나는 여덟 방향으

로 사격을 담당했다. 단순한 직사각형 전장에 적 로봇과 구출해야 하는 사람들이 가득 차 있다. 로봇이 사람에 접촉하면 사람은 죽는다. 사람을 구출하면 추가 점수를 얻으나 적 로봇을 다 죽여야만 다음 레벨로 넘어갈 수 있다.

〈디펜더〉 *98*

윌리엄스사의 구출 게임 중 하나로 사람을 보호하는 것을 좀 더 중요하게 만들었다. 게임플레이 전장은 긴 리본이 감겨져 있는 모양으로 플레이어는 리본의 표면을 자유롭게 이동할 수 있다. 리본의 바닥에는 사람들이 있으며, 위쪽에서 다양한 종류의 외계인이 내려온다. 어떤 외계인은 플레이어를 직접 공격하기도 하지만, 나머지 외계인은 사람들을 찾아 이동하며, 사람을 포획해서 화면 위쪽으로 데려간다. 이렇게 포획된 사람들은 정말로 위험한 적군으로 변해서 플레이어를 사냥하러 내려온다. 〈디펜더〉는 극악한 컨트롤 인터페이스로 악명이 높았다.

〈촙리프터〉 *98*

브로더번드사가 개발한 8비트 컴퓨터 게임. 이 게임에서 플레이어는 헬리콥터 파일럿이 되어 길쭉한 직사각형의 전장을 양방향으로 이동할 수 있다. 적군 수송대가 한쪽 끝에서 다른 쪽으로 행진하며, 이 경로에 있는 건물에는 사람들이 가득 차 있다. 플레이어는 이 건물들로 이동해서 사람들을 구조한 뒤 다른 쪽 끝에 있는 기지로 돌아와야 한다. 물론 적을 쏴 죽이는 데 시간을 쓸 수도 있지만, 파괴적인 행동보다는 얼마나 인도주의적인 목표를 달성했는가에 기반을 두고 게임 점수가 주어진다.

보스 *98*

이전에 나왔던 다른 적보다 눈에 띄게 크고 더 강력한 적을 통칭하는 용어. 주로 테마가 연결된 일련의 레벨 마지막에 등장한다.

〈테트리스〉 *98*

알렉세이 파지노프가 디자인한 추상 퍼즐 게임. 폭보다 높이가 더 긴 격자 안에서 게임을 진행하며, 격자 위에서 떨어지는 네 개의 작은 사각형으로 구성된 조각들을 이용하여 게임을 플레이한다. 플레이어는 조각이 떨어지는 동안 조각을 옆으로 이동시키거나 회전시켜 원하는 곳에 놓을 수 있다. 조각들이 쌓여서 필드 맨 위에 닿으면 게임은 끝난다. 수평으로 한 줄을 꽉 채우면 그 줄에 있는 사각형 조각은 모두 사라지며 사라진 줄 위에 있는 조각들이 떨어져 그 자리를 메운다.

육각형으로 변화 '헥사곤' *98*

테트리스(사각형)를 육각형으로 변형한 게임을 헥스트리스(Hextris)라고 부르는 것은 자연스러워 보인다. 하지만 여섯 개의 육각형으로 이루어진 조각을 사용하는 게 아니었으므로 테트리스와 같은 이유로 만들어진 제목은 아니었다.

3차원 테트리스 *98*

다양한 종류의 3차원 테트리스가 만들어졌다. 〈테트리스〉의 디자이너인 알렉세이 파지노프가 만든 〈웰트리스〉는 십자가 모양의 필드에서 다른 테트리스 게임 네 개를 플레이하는 것에 가까웠다(조각들은 우물의 벽을 따라 내려가며 이동한다). 진짜 3차원을 사용한 버전도 있었지만, 무지막지하게 어려워서 사람들의 호응을 많이 얻지 못했다.

시간을 이용한 퍼즐 *98*

이 책의 초판이 출간된 이후 시간을 다루는 것이 게임 디자인에서 좀 더 흔하게 사용하는 요소가 되었다.

Chapter 5

전문 작가가 쓴 이야기

이 주제에 관해서는 리 셸던의 〈Character Develop-ment and Storytelling for Games (Cengage, 2004)〉와 데이비드 프리맨의 〈Creating Emotions in Games (New Riders, 2003)〉이라는 좋은 책 두 권이 있다. 또한, 이 글을 쓰는 2013년을 기준으로, 스토리텔링 게임이 성장하는 것을 느낀다. 여기서는 서사 요소들을 실제 게임 시스템 안의 토큰처럼 다루고 있다. 이런 게임은 '인터랙티브 소설'이라는 게임 장르의 최신 개발 기법과 제이슨 로어러의 〈Sleep is Death〉, 다니엘 벤메르기의 〈Storyteller〉 같은 게임의 영향을 받았다.

플레이어가 이야기를 만들 수 있다

좀 더 정확하게 말하면, 자주 혼용하지만, 분명히 다른 개념인 구성, 서사, 이야기라는 세 가지 용어가 있다. 구성은 작가가 만들어낸 사건의 흐름이다. "그리고 그의 몰지각한 행동 때문에 그들은 헤어졌다." 서사는 관점이 있는 사건의 흐름이다. "그리고 나서 이런 일이 벌어졌다." 우리는 어떤 경험에서든 서사를 끌어낼 수 있으며, 게임플레이에서 서사를 만들어내는 일은 아주 흔하다. 이는 게임이 끝났든, 아직 진행 중이든 상관없이 가능하다. 이야기는 기본적으로 구성의 상호작용에 의해 만들어진 서사다. 게임 디자인 업계에서는 작가의 이야기와 플레이어의 이야기를 구분해서 이야기한다. 왜냐하면 둘은 결국 크게 차이가 나기 때문이다.

〈플래닛폴〉

스티브 머레즈키가 디자인한 〈플래닛폴〉은 1983년 인포콤에서 출시한 아주 웃긴 텍스트 어드벤처 게임이다.

마크 르블랑(Marc LeBlanc)

유명 디자이너 마크 르블랑은 게임을 메커니즘, 역학 구조, 미적 요소로 평가하는 시스템인 MDA 프레임워크의 공동 개발자이기도 하다. 그의 게임 디자인에 관한 글은 다음 링크에서 볼 수 있다(http://algorithmancy.8kindsoffun.com/).

폴 에크만(Paul Ekman)

얼굴의 표정과 감정에 대한 선구자적 연구자. 그의 책 〈Emotions Revealed(Times Books, 2003)〉에서 연구를 소개한 내용을 볼 수 있다.

니콜 라자로(Nicole Lazzaro)

라자로의 연구는 그녀의 회사 XEODesign에서 수행되었고, 2004년 게임 개발자 컨퍼런스 및 다른 여러 컨퍼런스에서 발표되었다. 이 연구의 개요를 다음 링크에서 읽어볼 수 있다(http://www.xeodesign.com/the-4-keys-to-fun/).

러너스 하이와 인지적 퍼즐

장거리 달리기를 논쟁에 써먹기 위해 폄훼하고 있다. 어릴 때 트랙을 좀 달리던 적이 있었는데, 사실 달리기를 할 때는 수많은 어려운 인지적 퍼즐을 풀어야 한다. 호흡을 관리하고, 언제 질주할지, 천천히 뛸지, 보폭을 재고, 어떻게 발을 뻗을지 등. 인지적 퍼즐은 모든 곳에 숨어 있다. 그렇지만 내가 하고 싶은 이야기는 지칠 때까지 한 발을 다른 발 앞으로 움직이는 일을 반복하는 것은 재미있지 않다는 것이다.

샤덴프로이데, 피에로, 나체스, 크벨

고맙게도 니콜 라자로는 이런 아름다운 말을 소개해주었다. 나체스와 크벨은 이디시어에서 왔다. 피에로는 이태리어를 변용한 것이며, 샤덴프로이데는 독일어다. 라자로는 플레이어가 게임을 플레이할 때 느끼는 감정에 관한 연구에서 이 용어들을 사용했고, 이 용어들은 게임 디자인 업계에서 받아들여지고 있다.

사회적 지위를 위한 술책

'신호 이론'이라는 혁신적인 생물학 분야가 있다. 이 분야는 우리가 삶에서 택하는 많은 선택이 무의식적으로 우리 동료와 종족 사람에게 인정받음을 나타내기 위한 것이라고 주장한다. 예를 들어 초록색 엄지(역주: 정원일을 잘한다는 의미가 있다)는 근면함과 책임감 있는 행동을 나타내주는 것이다. 수많은 책 무더기는 박식함을, 약간 지저분한 의복과 '아웃사이더' 머리는 창의성을 뜻한다는 것이다. 이런 맥락하에 소비자 행동을 분석한 일반인을 위한 입문서로 조프리 밀러 박사가 쓴 〈Spent: Sex, Evolution, and Consumer Behavior(Penguin, 2009)〉가 있다.

센사원다   *114*

SF 비평에서 사용된 용어. 물론 그 의미는 '경이감(sense of wonder)'이다.

해결책을 예상하기   *116*

도파민은 '재미'라는 느낌에 가장 관련 있는 신경 전달 물질이다. 도파민은 성공적인 결과를 예측했을 때 흐르기 시작한다. 또한, 집중과 학습에도 관련이 있다. 어빙 비더만과 에드워드 베셀의 연구에 의하면 '풍부하게 해석할 수 있는' 경험(그들의 표현을 따르자면)은 보람 있고, 내가 이 책에서 말하는 학습의 일종이다. 그렇긴 하지만 현재까지의 뇌과학 지식으로 너무 많은 결론을 내는 것은 위험하다. 논란의 여지가 많다.

버나드 수츠(Bernard Suits)와 루소리 애티튜드   *116*

이 용어는 그의 책 〈The Grasshopper: Games, Life, and Utopia(Broadview Press, 1978)〉에서 가져왔다. 이 책에서 그는 게임을 이렇게 정의했다. "게임을 플레이하는 것은 특정한 상태의 문제를 푸는 것(프리루소리 목표)으로 규칙에 의해 허용된 수단만을 사용하고(루소리 수단), 효과적인 수단보다 덜 효과적인 수단을 사용하도록 강제하는(구성요소 규칙) 규칙이 받아들여지는 이유는 규칙이 있어야 그를 통해 게임이라는 활동이 의미가 있기 때문이다(루소리 애티튜드)."

플로우   *118*

미하이 칙센트미하이에 의해 만들어진 표현으로 과제에 대한 강력한 집중과 최고의 실행력이 발휘되는 정신적 상태를 말한다. 플로우의 느낌은 도파민의 증가와 관련 있는 것으로 보이는데, 도파민은 전두 피질에서 생성되는 집중력을 향상시켜주는 신경 전달 물질이다. 그러나 도파민 자체는 정적 강화를 주는 화학 물질이 아닌 것으로 보인다. 이런 개념의 입문서로 칙센트미하이의 〈Flow: The Psychology of Optimal Experience(Perennial, 1991)〉를 권한다(국내에서는 2004년 〈몰입: 미치도록 행복한 나를 만난다〉라는 제목으로 한울림에서 출간되었다).

근접 발달 영역   *118*

레브 기보츠키에 의해 처음 서술되었으며, 교육학 이론에 많은 영향을 미쳤다. 여기서 중요한 개념은 '스캐폴딩'이라는, 학습에 학습을 쌓아나가는 개념이다. 〈슈퍼 마리오〉에서 점프 능력과 활용을 가르쳤던 것은 게임하는 방법을 가르쳐주는 완벽한 방식으로 자주 언급되는데, 스캐폴딩의 이상으로 세우기에도 손색이 없다.

의식적인 연습   *120*

무언가에 능숙해지려면 1만 시간이 필요하다는 생각은 아주 유명한데, 사실은 K. 앤더스 에릭슨의 작업을 부정확하게 요약한 것이다. 더 중요한 것은 이 시간의 질이다. 에릭슨은 의식적인 연습의 중요한 특징을 묘사했다. 연습은 실행력을 향상시키기 위해 디자인해야 하고, 많은 반복이 필요하며, 주의 집중을 요하며, 어렵고(그렇기에 플로우의 위로 넘어가야 하고), 분명한 목표를 향해야 한다. 이런 연습에 매진하면 좀 더 짧은 연습 시간을 가지고서도 탈출할 수 있다는 것이다. 아이러니하게도!

Chapter 6 ·······························

어렸을 때부터 나타나는 차이   *122*

이러한 차이는 특히 남자아이와 여자아이의 성장 곡선에서 눈에 띄게 나타난다.

여전히 씨름 중인 것   *122*

〈APS(Association for Psychological Science)〉 저널에 발표된 학습 스타일에 관한 2009년 연구에 따르면 특정한 학습 방법에 대한 효과를 검증하는 데 있어서 충분한 검증력을 가진 연구를 찾아보기 어렵다고 한다(http://web.missouri.edu/~segerti/1000/learningstyles.pdf). 즉, 다양한 방법으로 핵심적인 커리큘럼을 전달하는 것이 실제로 효과가 있는지 보기 위해서는 학생들을 대상으로 형식에 맞춘 실험을 진행해야 한다. 학생들을 두 그룹으로 나누어 한 그룹은 검토하고자 하는 방식의 학습 방법을 통해 수업을 받고, 다른 그룹은 해당 방법을 적용하지 않고 수업을 진행한다. 결국 교사들의 자원은 한정되어 있으므로 합리적으로 넓은 대상에 효과적인 한 종류의 방법으로 교육하는 것이 더 효과적이다(물론 이는 개별 학생의 능력을 극대화하지는 못할지도 모른다). 즉, 학습 방법에 대한 연구는 교육 이론 학파에 따라 너무나도 다양하게 퍼져 있다.

IQ의 종 모양 분포　　　　　　122

표준 IQ 테스트는 평균점수 100점으로 표준화되어 있다. 사람들이 점점 더 똑똑해지는 게 명백하므로(이를 플린 효과(Flynn Effect)라고 한다) 몇 년마다 재표준화해야 한다. IQ가 모든 종류의 지능에 대한 적절한 측정 지표라고 모두가 동의하는 건 아니다. EQ(감성지능)라고 불리는 개념도 있는데, EQ는 감정을 어떻게 이해하고 잘 대처하는지가 IQ만큼 중요하다고 주장한다.

하워드 가드너(Howard Gardner)　　122

가드너는 저서 〈Frames of Mind〉에서 일곱 종류의 지능을 정의하였으며, IQ 테스트는 이중 두 가지만 측정할 수 있다고 주장했다. 최근 가드너는 두 종류의 지능(자연이해 지능과 실존이해 지능)이 더 있다고 주장한다(국내에서는 2007년 〈다중지능〉이라는 제목으로 웅진지식하우스에서 출간되었다).

성별의 차이　　　　　　　　124

이 분야에서 상반된 조사를 보여주는 두 책이 있다. 하나는 데보라 블룸의 〈Sex on the Brain: The Biological Differences Between Men and Women〉이며, 다른 하나는 앤 모이어와 데이비드 제슬의 〈Brain Sex: The Real Difference Between Men and Women〉이다. 통계적 분석을 사용하면 대규모 조사에서 차이가 나타난다. 이 중 한 예는 저자가 쓴 문장 중 일부를 분석하여 저자의 성별을 파악하는 구문 분석이다. 이에 대한 몇 가지 연구를 소개하면 다음과 같다(https://utexas.app.box.com/s/4gj299leg2sh469lqas70h6v9jy756h3, http://u.cs.biu.ac.il/~koppel/papers/male-female-text-final.pdf). 실제로 해보고 싶다면 다음 링크를 방문해보라(http://www.hackerfactor.com/GenderGuesser.php).

개인 간 차이　　　　　　　　124

캐로서스와 레이스의 2013년 연구에 따르면 거의 대부분의 심리적인 차이는 성별이 아닌 개인적인 차이에 기인하는 것으로 보인다. 즉, 평균적으로 성별의 차이는 있다. 하지만 남성과 여성은 성격부터 이상적인 배우자에 대한 생각, 공감의 정도, 돌봄에 대한 방향성, 성공에 대한 두려움 및 다양한 많은 것에 대해 겹치는 부분이 엄청나게 많다. 그래서 어떤 특성이라도 개인이 한쪽에서 반대쪽까지 넓게 분포하므로 특성에 대한 측정치로 성별을 예측할 수 없다. 게다가 사회화의 효과가 이러한 결과에 어느 정도 영향을 미치는지도 아직 불명확하다. 대부분의 심리학 연구가 심리학과 학생을 대상으로 진행되므로 심리학 연구는 인구통계적으로 대학교육을 받은 서양인에 치우쳐 있기로 악명이 높다. 〈The Cambridge Handbook of Intelligence(Cambridge University Press, 2011)〉에서 개인 간의 차이가 존재하는지에 대해 탁월하게 조사해놓았다.[5]

공간 회전　　　　　　　　　124

노르웨이의 한 연구에 따르면 양성 평등에 많은 노력을 기울이는 사회에서도 성별에 따른 공간 회전에 있어서 차이가 나타난다고 한다. 이에 대한 논문은 다음 링크에서 볼 수 있다(http://www.ncbi.nlm.nih.gov/

5　역주: 캐로서스와 레이스의 2013년 연구는 다음 링크에서 볼 수 있다(https://pdfs.semanticscholar.org/f9f7/4934d90524dc2a7b2998b5b1d2280f7a67d5.pdf).

pubmed/23448540). 이에 대해서는 여러 가지 진화론적인 이유가 제시되긴 했으나, 정확하게 왜 이런 일이 나타나는지는 과학계에서 아직까지 명확하게 결론을 내리지는 못했다.

남자아이들의 언어 능력 124

다시 한 번 지적하지만, 단지 평균적으로 볼 때 남자아이들이 여자아이들에 비해 언어 능력이 떨어진다는 것이다. 생물학적인 결정론 그 자체로 한 개인을 운명 지을 수는 없다. 여러 연구에 따르면 남자아이들은 여자아이들보다 다양한 스킬에 대해 더 넓은 편차를 보인다. 예를 들어 IQ 범위의 상한과 하한에는 여자아이들보다는 남자아이들이 더 많이 분포해 있는 경향이 있다. 좀 더 성장한 아동은 남녀공학의 환경에서 남자와 여자 모두 다른 성별에게 더 적합하다고 간주되는 과목을 피하는 경향이 있다는 증거도 있다.

시간이 지나면서 사라지는 차이 124

1998년에 수행된 표준화된 조사에서 수학 고득점자를 제외하고 남녀 고등학생 간의 성적은 급격하게 유사해지는 것으로 나타났다. 페인골드의 논문을 참고하라(http://bit.ly/psycnet-Feingold). 2010년 듀크대학교의 연구에서도 유사한 결론을 도출한 바 있다.

공간 회전 능력의 영구적 변화 124

2001년 아넨버그 센터에서 진행된 컨퍼런스에서 USC 대학의 스킵 리조가 발표한 'Entertainment in the Interactive Age'라는 내용의 일부를 인용하면 다음과 같다.

"(공간 회전 능력에 대한) 종이 방식의 테스트에서 남성이 여성보다 좋은 성적을 보였다. 하지만 같은 테스트를 비디오 게임과 같이 몰입감이 높은 통합적 상호작용적인 접근 형태로 제시했을 때 여성도 남성과 유사한 성취를 보였다. (…) 여기서 중요한 발견은 이후에 다시 종이 방식의 테스트를 진행했을 때 남성과 여성 그룹의 점수 차이가 통계적으로 의미 있게 나타나지 않았다."

이는 놀랄 만한 결과가 아니다. 공간 회전에 있어서 전형적으로 어려움을 보이는 농아들에게서도 같

은 결과가 나타났다(http://www.passig.com/newsarticle/18334,2200,20290.aspx).

사이먼 배런코언(Simon Baron-Cohen) 124

저서 〈The Essential Difference: Men, Women and the Extreme Male Brain〉에서 다루고 있는 배런코언의 이론은 두뇌가 어떻게 생각하고 느끼는지에 대한 이전의 이론들의 연장선 상에 있음에도 불구하고 논란이 많다. 배런코언은 자폐증 연구자로서 성별 연구에만 기초하여 결론을 도출하지 않았다. 남자아이들은 통계적으로 아스퍼거나 자폐증이 높게 나타나며, 이는 '극도로 체계화된 두뇌'에 기인한 문제라는 게 그의 가설이다. 체계적인 두뇌 지수와 공감하는 두뇌 지수를 측정할 수 있는 온라인 테스트도 있다. 이에 대해서는 다음 링크를 참고하라(http://bit.ly/essential-difference-guardian).

아스퍼거 증후군 124

보통 '고기능 자폐증'이라고 부르며, 사회적 상호작용과 타인의 감정을 읽는 데 어려움을 보이는 특징이 있다. DSM V(정신질환 진단 및 통계 편람, 5판)에서 아스퍼거 증후군은 독립적인 진단명에서 빠지고 자폐증의 범위 안으로 포함되었다.

학습 스타일 126

셰리 그래너 레이의 〈Gender Inclusive Game Design〉은 게임 디자인에 학습 스타일을 어떻게 적용하는지에 대해 다루는 훌륭한 책이다.

남성과 여성은 보는 것도 다르다 126

이에 대한 두 가지 학술 연구 사례는 다음과 같다(http://www.bsd-journal.com/content/3/1/21/abstract, http://discovermagazine.com/2012/jul-aug/06-humans-with-super-human-vision). 첫 번째 연구에서 연구자들은 여성들은 정적인 물체를 찾는 데 반응속도가 좀 더 빠른 반면에, 남성들은 이동하는 물체를 보는 데 더 빠르다는 것을 알아내었다. 매체는 고전적인 진화심리학 관점에서 '수집형

눈'과 '사냥형 눈'이라는 용어를 사용하고 있다. 두 번째 연구는 색깔의 인식에 관한 연구다. 일반적인 사람은 세 가지 종류의 추상체와 수용체로 색을 본다. 남성 중에는 두 종류만 작동하는 경우가 많아서 남성에게 색맹이 더 많이 나타나는 경향을 보인다. 최근 일부 여성에게 네 종류의 추상체와 수용체가 있다는 것이 밝혀졌다. 네 종류의 추상체와 수용체를 가지고 있는 여성을 '사색형 색각' 보유자라고 부르며, 일반적인 사람보다 더 많은 색을 볼 수 있다고 한다.

커시의 기질 분류
마이어-브릭스의 성격 분류에서 파생된 검사로 히포크라테스의 기질 분류에 기반을 둔 약간은 다른 조직화 은유를 사용한다.

마이어스-브릭스 성격 유형 지표
칼 융의 이론을 기초로 한 심리학 측정 도구로 네 가지 서로 다른 이분법 척도에 대한 대상자의 선호도를 측정한다. 이 결과를 바탕으로 사람을 16가지 성격 유형으로 분류할 수 있지만, 심리학에서는 문제 해결에서 어떤 접근법을 선호하는지를 평가하기 위해 사용한다.

애니어그램
또 하나의 성격 분류 체계로 사람을 아홉 가지 성격 유형으로 분류한다. 각각의 유형은 두 개의 부속 특성을 가진다. 애니어그램은 원 위에서 도표로 작성하고, 부속 특성은 '날개'로 표현하여 원 옆에 그린다. 애니어그램은 실증 연구나 심리학 이론보다는 수비학이나 칠대죄악에 기반을 두고 있다.

성격 5요인 모형
빅 파이브, OCEAN, CANOE 등으로도 알려져 있다. 다섯 가지 유형은 좀더 상세한 세부 유형으로 나눌 수 있다. 성격 5요인은 문화 간 메타연구에서도 볼 수 있으며, 이 모형에 대해서는 여전히 논란이 있지만 심리학계에서 널리 사용되고 있다. 성격 5요인에서는 평균적으로 성별에서 차이가 나타나지만, 문화 간에서도 큰 차이가 나타난다. 어떤 문화에서는 한 종류의 성격 유형이 나타나지 않기도 한다.

제이슨 반덴버그(Jason VandenBerghe)
자신의 연구 결과를 몇몇 게임 개발자 컨퍼런스에서 발표하였으며, GDC 2012 자료실에서 발표자료를 열람할 수 있다(http://www.gdcvault.com/play/1015364/The-5-Domains-of-Play).

호르몬이 성격에 영향을 준다
많은 호르몬이 성격의 차이와 연관이 있지만, 정확한 이유나 호르몬을 통해 성격을 예측하는 데 도움을 줄 수 있는지는 확실하게 답하지 않는 편이다. 그렇다고 해도 남성의 생애주기에 걸쳐서 테스토스테론이 감소함에 따라 남성의 공격성이 감소하는 경향이 있다. 강력 범죄로 유죄 선고를 받은 남성은 범죄와 관련이 없는 일반 남성이나 비폭력사건으로 유죄 판결을 받은 남성에 비해 테스토스테론 수치가 상당히 높다.

도서 구매자
도서를 구매하는 여성의 연령에 대한 통계의 출처는 미국 인구조사청이다. 여성의 도서 구매와 관련된 인상적인 통계는 로맨스 소설이 미국의 페이퍼백 판매의 거의 절반을 차지한다는 것이다. 이 중 93%를 여성이 구매한다.

게임에 대한 여성들의 선호도
여성에게 가장 인기 있는 게임 장르는 퍼즐과 실내 게임이다. 이러한 선호도는 매우 독특해서 싱글 플레이어 시장의 여성 비율은 매우 낮지만, 온라인에서는 전체 시장의 51%를 여성 플레이어가 차지하고 있다. 이 중 대부분은 퍼즐 게임을 즐긴다.

다른 성별의 하드코어 플레이어
게임에 따라 온라인 RPG 게임에서 여성의 비율은 15%에서 50%까지 다양하게 분포된다. 반면에, 소매 유통망을 통해 판매되는 전통적인 싱글 플레이어 게임에서 여성 시장은 5% 정도에 불과하다.

연령별 게임 플레이어 *128*

저명한 게임 연구자인 닉 이는 대규모 멀티 플레이어 온라인 게임, 즉 MMO를 즐기는 수천 명의 플레이어에 대한 설문조사를 통해 남성과 여성 플레이어의 행동의 차이를 그려낼 수 있었다. 젊은 남성은 게임 내에서 더 폭력적인 행동을 보이는 반면에, 나이 든 남성은 여성의 행동과 좀 더 유사해지는 경향을 보였다. 또한, 성별에 따른 응답자의 비율은 연령에 따라 상당히 다른 분포를 나타냈다. 젊은 남성의 수는 급격하게 높은 반면에, 여성의 연령대는 상대적으로 고른 분포를 보였다. 닉 이의 대달루스 프로젝트는 그의 홈페이지에서 볼 수 있다 (www.nickyee.com/daedalus/). 이러한 결과를 인간의 노화와 함께 인지적인 강점과 약점의 차이가 사라진다는 '탈분화이론'과 동일시해서는 안 된다. 2003년에 미국심리학회(APA)는 종단적 연구를 통해 탈분화이론이 옳지 않다는 것을 입증했다고 기자회견을 한 바 있다.

전통적인 성 역할에서 벗어나는 소녀들 *130*

펜스테이트대학교에서 수행된 한 연구에 따르면 아이들이 10살에 즐겼던 게임과 대학 성적 간에 높은 상관관계가 나타났다고 로이터 통신이 2004년 9월에 보도한 바 있다. 10살에 스포츠를 즐긴 소녀는 12살이 되었을 때 스포츠를 즐기지 않은 소녀보다 수학에 좀 더 관심을 보였다. 반면에, 뜨개질, 독서, 춤추기 및 인형놀이와 같이 상투적인 소녀들의 활동에 시간을 보낸 소녀는 영어에서 더 좋은 성적을 보이는 것으로 나타났다.

사회적 상호 관계를 강조하는 디자인 *130*

(4장의 '디플로머시'에 대한 주석 참고 요망). 협상이나 협동 스토리텔링이나 협력적 문제 해결이 포함된 거의 모든 게임이 여기에 속할 것이다. 이에 해당하는 다른 사례로는 〈판데믹〉이나 전투를 강조하지 않는 수많은 TRPG, 그리고 MMORPG와 같은 사회적 관계를 활용한 온라인 게임이 있다.

Chapter 7 · · · · · · · · · · · · · ·

문헌이 남아있는 최초의 교전 수칙 *134*

이것은 손 자가 제안한 것이다. 대부분 비전투원을 보호하기 위한 내용이지만, 때로는 명예를 지키기 위한 관습에 대한 것도 있다. 예를 들면 야습이나 매복은 하지 않는다는 것 등이다.

축구 경기 중 치팅 *136*

다른 면을 보면, 심판이 우리 편의 오프사이드를 놓쳤다면 납득하고, "뭐 그런 거지" 하고 넘어간다. 비록 그것이 규칙을 위반한 일이지만, (축구의 형식적 구성체인) 심판이 실수한 것이므로 우리는 그것을 받아들인다.

대부분 게임은 혁신과 창의성을 허용하지 않는다 *138*

〈노믹〉이라는 게임이 있다. 이 게임은 플레이하면서 플레이어가 규칙을 재구성할 수 있으며, 그것이 게임의 일부인 게임이다. 이 게임에도 한계가 있다. 너무 과한 변화를 주려 다 보면 물리적 현실의 한계를 만난다. 〈노믹〉에서는 규칙을 바꾸는 것 자체도 패턴의 일부지만, 원자의 크기가 목성만큼 크다거나, 총을 꺼내 다른 플레이어를 쏘는 일 등은 심지어 그렇게 할 수 있도록 규칙을 변경해도 여전히 한계 밖의 일이다. 〈노믹〉은 얼햄대학의 철학과 교수 피터 서버가 디자인한 게임이다.

게임의 운명 *140*

많은 게임은, 당연하겠지만, 그 게임을 더 많이 학습할수록 더 재미있어진다. 이는 게임에서 제시되는 도전의 본질에 영향을 많이 받는다. 이러한 게임은 더 깊게 파고들수록 더욱 더 교묘한 내용을 파악할 수 있도록 복잡도를 가진 문제를 제공한다.

루뎀 *140*

비디오 게임 디자이너 벤 쿠쟁이 만들어낸 개념이다. 이 개념은 〈Develop Magazine〉 2004년 10월호에 게재된 기사에서 사용되었다. 벤은 이 개념을 '기본 요소'라고 재명명했지만, 나는 '루뎀'이라는 단어가 더 좋다. 심지어 이 단어가 다른 맥락으로 먼저 사용된 적이 있음에도 불구하고(이 용어의 역사에 대한 데이비드 팔렛의 글을 http://www.davidparlett.co.uk/gamester/ludemes.html에서 살펴보라). 이 생각은 에릭 짐머만과 케이티 살렌의 〈놀이의 규칙(MIT Press, 2003)〉에서 설명한 '선택 모듈'과 공통점이 많다.

게임은 다음 요소를 포함한다   *142*

게임의 기본 요소에 대한 이 자료는 놀이의 구조체는 특정한 구조적 특징을 가지고 있다는, '게임 문법'에 대한 아주 간단한 조사 결과다. 이에 대해 더 많은 정보를 얻고 싶다면 다음 내용을 추천한다.

- '게임플레이의 문법', 내가 2005년 GDC에서 발표한 내용
  http://www.raphkoster.com/gaming/atof/grammarofgameplay.pdf
- 댄 쿡의 글 '게임 디자인의 화학'
  http://www.lostgarden.com/2007/07/chemistry-of-game-design.html
- 스테판 부라의 '게임 문법'
  http://users.skynet.be/bura/diagrams/
- 어네스트 애덤스와 조리스 도르만스의 〈Game Mechanics: Advanced Game Design(New Riders, 2012)〉

숙련도 문제   *144*

'부익부' 현상이라고 요약할 수 있다. 또한, 제로섬 게임을 반복하는 것이라고 표현할 수 있다. 제로섬 게임은 승자가 패자보다 유리한 위치에 서는 것이다. 만약 높은 실력의 플레이어가 쉬운 적을 물리치는 일을 반복해서 자신의 위치를 강화할 수 있다면 결국 그의 위치는 불가침한 것이 될 것이다. 이 자체가 문제라고 볼 수는 없는데, 왜냐하면 그 자체는 승리하게 만드는 것뿐이기 때문이다. 문제는 게임을 처음 하는 초심자가 성공할 가능성이 사라져버린다는 것이다.

기회 비용   *144*

게임은 언제나 연속된 도전이므로 잘못된 선택을 쉽게 되돌릴 수는 없다. 잘못된 선택의 가장 작은 여파로, 그 선택의 결과를 본 다른 플레이어가 자신의 선택에 참고하는 것을 들 수 있다. 게임을 플레이할 때, '무르기'를 할 수 있는 플레이어는 어린아이들뿐이다. 그리고 많은 보드게임이 행위를 되돌릴 수 없다는 규칙을 강조한다(예를 들어 〈체스〉에서는 말에서 손을 떼면 행마를 한 것으로 본다).

붉은 여왕의 경주   *148*

루이스 캐럴의 고전 〈거울 나라의 앨리스〉에서 앨리스는 겨울 여왕의 옆에 서 있기 위해 매우 빨리 달려야 했는데, 주변 환경이 너무나 빨리 움직이고 있기 때문이다. 매우 빨리 달려야 현상 유지라도 하는 것이다. 이런 현상을 붉은 여왕의 경주라고 부른다.

Chapter 8 ·

〈바둑〉   *150*

〈바둑〉은 수백 년 된 중국 게임으로, 서양에서 〈체스〉가 가지고 있는 문화적인 위치를 동양에서 차지하고 있다. 일반적으로 19X19 격자판 위에서 게임을 진행한다. 플레이어들은 바둑판 위에 흑돌과 백돌을 번갈아 내려놓으며 상대방보다 더 넓게 둘러싼 영역을 확보하고자 경쟁한다. 상대방의 돌을 완전하게 둘러싸면 상대방의 돌을 포획할 수 있다. 〈바둑〉은 아주 깊이 있는 게임이며, 가능한 게임의 경우가 우주의 원자 개수보다 더 많다고 알려져 있다.

창발적 행동   *150*

창발(emergence)이란 카오스 이론이나 인공지능, 세포 오토마타와 같이 매우 단순한 규칙에서 현실적이거나 예측 불가능한 행동들을 이끌어낼 수 있는 모든 수학적 체계에서 되풀이되는 개념이다. 스티븐 존슨의 책 〈Emergence(Scribner, 2002)〉에서 이 주제를 패나 철저히 다루고 있다(국내에서는 2004년 〈이머전스〉라는 제목으로 김영사에서 출간되었다).

나이가 들수록 배우려 하지 않는다 *152*

일반적으로 노화와 함께 인간의 귀납적 추론과 정보 처리 능력(이른바 유동적 지능)이 감소한다고 심리학 연구가 밝히고 있다. 하지만 언어 능력 및 다른 형태의 '결정화된 지능'은 일정하게 유지되는 경향을 보인다.

같은 캐릭터를 플레이 *154*

나의 연구에서 플레이어가 온라인 RPG에서 계속 같은 캐릭터를 선택하는 경향을 밝혔으며, 닉 이 박사의 플레이 스타일에 대한 관찰 연구나 MMORPG의 사회적 구조에 대한 다른 연구자의 논문에서도 확인할 수 있다.

성별을 바꾸어서 하는 롤플레이 *154*

성별 전환 롤플레이에 대해서는 연구가 많다. 남성이 여성보다 더 자주 하며, 중립적인 성별이 주어질 경우 남성은 거의 선택하지 않는 반면에, 여성은 꽤 많이 선택한다. 온라인 게임에서 성별 전환 롤플레이를 하는 것이 현실 세계에서도 성 정체성 혼란이 있다는 지표가 되지는 않는다.

아폴로적인 스타일과 디오니소스적인 스타일 *158*

두 가지 스타일을 구별하는 또 다른 척도는 아폴로니안 시대는 어떤 매체에서 다른 매체로서의 형식을 강조하는 반면에, 디오니시안 시대는 매체를 통해 표현될 수 있는 것에 중점을 둔다는 것이다. 매체의 형식적 특성에 집중한 모더니즘은 아폴로니안 운동이었다. 디오니시안 반란은 과학 소설이나 장르 소설 같은 대중예술, 스윙, 블루스 및 재즈의 출현, 만화의 성장 등으로 그 즉시 발현되었다.

새로운 게임 장르의 역사적인 궤적 *158*

많은 게임 장르가 복잡성이 증가하는 양상을 보이고 있다. 물론 게임 장르는 게임 스타일을 대중적으로 해석함으로써 재탄생하며, 이때마다 복잡성의 궤적은 초기화된다. 극도로 게임이 복잡해져서 극소수의 사람만 게임을 즐기게 된 게임 장르가 많다. 〈코어워즈〉 같은 전쟁 게임이나, 시뮬레이터나 알고리즘 게임은 시작부터 높은 수준의 프로그래밍 지식을 필요로 한다. 게임 디

자이너 댄 쿡은 접근성과 로코코적 복잡성 사이의 균형을 절묘하게 맞춘 게임을 '장르 킹'이라고 명명하였다. 일반적으로 장르 킹 이후의 후속 게임은 매출이 줄어들기 시작하다 종국에는 해당 장르가 시장에서 사라진다. 이에 대해 상세하게 다룬 글들을 다음 링크에서 찾아볼 수 있다(http://www.lostgarden.com/2005/05/game-genre-lifecycle-part-i.html).

전문용어 요소 *158*

전문용어의 증가는 하나의 매체가 도제 시스템이 아니라 공식적으로 배울 수 있는 수준으로, 그리고 해당 영역이 스스로를 비평적으로 성찰하는 자기 인식을 가질 정도로 성숙하였음을 나타내는 명백한 신호다. 예를 들어 영화에서는 영화 이론이 정립되면서 이러한 성장이 급격하게 진행되었다. 불행히도 게임에서는 이러한 성숙이 지체된 편이다.

트윙키 *158*

헨리 커트너와 무어가 쓴 원작 소설은 루이스 파젯이라는 가명으로 출간되어 1953년에 영화화되었다. 소설에서 미래의 장치가 과거로 떨어지는데, 이 장치를 소유한 사람들은 장치를 제대로 다루지 못하고(그중 한 사람은 교수였음에도 말이다) 죽음을 당한다. 이보다 더 적절한 이야기는 같은 작가들이 쓴 〈Mimsy Were the Borogoves〉이다. 이 소설에서는 외계의 차원에서 장난감이 지구로 떨어진다. 성인들은 이를 다루지 못하지만, 아이들은 다룰 수 있다. 아이들은 우연히 이 장치를 통해 차원의 문을 여는 방법을 배우고 인류를 초월해서 어디든지 갈 수 있게 된다. 아직까지 게임을 플레이하다가 텔레포트한 사람은 없지만, 언젠가는 할 수 있지 않을까?

가장 창의적인 디자이너 *160*

가장 유명한 두 사람을 들면, 마리오의 개발자이자 원예 같은 주제에서 영감을 얻는다고 공식적으로 발언한 미야모토 시게루와 공공 계획, 소비지상주의, 개미 콜로니와 가이아 가설들에 영감을 받아 시뮬레이션 게임을 만든 윌 라이트를 들 수 있다.

Chapter 9 ·

루딕 아티팩트 *164*

다소 이상한 말이지만, 이렇게 용어를 사용하면 모호한 개념을 설명하려고 '게임'이라는 표현을 쓸 때 맞게 될 비판을 회피할 수 있다.

- 세상은 시스템으로 가득하다.
- 우리가 이를 수초의 유희적 태도로 접근하면, 이 책에서 설명했듯이, 놀이를 통해 그 시스템을 배울 수 있다.
- 재미는 이 과정에서 뇌가 우리에게 주는 피드백이다.
- 우리는 이 결과로 인해 만들어지는 활동을 게임이라고 부른다.
- 이런 기회를 만들 수 있는 시스템이 되려면 일정한 조건을 만족시켜야 한다. 우리는 이것을 유희적 구조라고 부른다.
- 의도적으로 디자인한 유희적 구조를 루딕 아티팩트라고 부른다.
- 의도적으로 디자인하지 않았더라도 그런 디자인이 우연히 만들어진 것들도 게임이 된다. 거기에 목적을 부여하고, 성공 지표를 만드는 식으로.

이 개념에 관한 글은 다음 링크에서 볼 수 있다(http://www.raphkoster.com/2013/04/16/playing-with-game/).

모드 또는 모딩 *164*

많은 비디오 게임이 플레이어가 규칙을 변경하거나, 그래픽을 바꾸거나, 게임 속 소프트웨어를 이용해 완전히 새로운 게임을 만들 수 있게 한다. 그 결과 플레이어가 참여해서 게임과 콘텐츠를 만드는 많은 '모드 커뮤니티'가 생겼다. 이는 보드게임에서의 '하우스 룰'과 비슷하다.

〈로드 짐〉 *166*

조지프 콘래드의 소설. 유쾌한 내용은 아니며, 결말은 좋게 보면 숙명론적이고, 나쁘게 보면 무자비하다.

〈게르니카〉 *166*

파블로 피카소의 회화. 스페인 내전 동안 동명의 도시에 가해졌던 폭격에 항의하고, 이를 기억하기 위해 제작되었다.

소프트웨어 장난감 *166*

목표가 정해져 있지 않은 비디오 게임을 부르는 일반적인 명칭.

모든 매체는 상호작용한다 *168*

마샬 맥루한의 '핫', '콜드' 미디어라는 명명법을 선호하는지, 아니면 독자 반응 중시 이론 같은 예술적 구성체에 대한 관객 참여라는 좀 더 현대적인 개념을 선호하는지는 일종의 학술적 문제다. 이는 도표의 한 칸에서만 다루고 있는 상호작용성에 대한 논쟁이기 때문이다.

몬드리안 *174*

피에트 몬드리안은 색색의 정사각형과 직사각형을 구성하는 것으로 유명한 화가다.

이끔음 *174*

음악 이론으로 특정한 음정은 자연스럽게 또 다른 음정으로 이끈다는 생각이다. 다음 음정으로 이동하는 것을 보통 화음을 '해결한다'고 한다(혹은 화음으로 이행한다). 가장 자주 보는 것은 5도에서 1도로 이행하는 것이다(도미넌트에서 토닉으로). 여기서 이끔음은 5도의 장3도이며, 노래의 키가 되는, 토닉의 근음보다 반음 낮다.

정확한 덮개 *174*

모든 불의의 상황을 대비할 수 있도록 자원을 배분하는 것과 관계된 수학 문제 분야. 위키피디아에 해석이 있다(http://en.wikipedia.org/wiki/Exact_cover).

형식주의 *176*

형식주의는 분류된 아티팩트를 이루는 필수적 자질이 무엇인지 연구하는 것이다. 이는 본질적으로 정밀 묘사에 기반을 둔 분석이다. 비평계의 분파는 다양하며, 필수적 자질이라는 개념 자체를 부정하는 경우도 있다.

내 생각에 반대하는 사람들 *178*

게임 디자이너 데이브 캐널리는 '영화, 책, 서사 등 게임에 어울리지 않는 요소를 게임에 우겨넣는 것은 나쁜 게임을 만들 뿐'이라고 생각한다. 그를 변호하자면 그가 말하는 바는 주로 형식화된 시스템의 구성 자체에 대한 것이다.

순문학 *178*

본래 뜻은 '아름다운 글'이라는 뜻이다. 이 표현은 한때 모든 학문의 저작에 제목으로 쓰였다.

인상파 *178*

주로 시각 예술과 음악을 중심으로 한 예술 운동으로 〈인상: 해돋이〉라는 제목의 회화에서 따온 이름이다. 미술에서 인상주의는 객체 자체보다 그를 비추는 빛의 작용을 묘사하는 데 관심이 있다.

포스터라이제이션 *178*

색을 변조하고 색조 사이의 대비를 키우는 등의 변화를 가하는 것. 이미지 프로세싱 소프트웨어에서 필터의 형태로 많이 쓰인다.

드뷔시 *178*

〈목신의 오후에의 전주곡〉으로 유명한 작곡가(1862∼1918)다.

라벨 *178*

그 스스로 중요한 작곡가이기도 하지만(볼레로), 재능 있는 관현악 편곡자이기도 하다. 우리가 익히 아는 〈전람회의 그림〉은 원작자 무소르그스키보다 라벨의 편곡이 더 유명하다.

버지니아 울프와 〈제이콥의 방〉 *180*

이 소설은 제1차 세계대전에서 사망한 제이콥이라는 젊은이의 이야기다. 소설의 어디에도 제이콥은 등장하지 않는다. 제이콥은 그의 삶에서 만난 사람들이 자신의 부재로 인해 어떤 영향을 받게 되는지를 묘사하는 과정에서만 나타난다.

거트루드 스타인과 앨리스 B. 토클라스의 자서전 *180*

이 체제 전복적인 자서전은 스타인이 앨리스 B. 토클라스가 되어 쓴 것이다. 앨리스는 스타인의 오랜 동료이자 연인이었다.

시대정신 *180*

사진의 부흥과 과학의 발견에 의해, 여기서의 주된 고민들이 모더니즘의 뿌리가 되었다.

〈지뢰찾기〉 *180*

모든 윈도 컴퓨터에 기본으로 깔려 있는 이 게임은 사각 칸을 열면 나타나는 주변 칸의 정보로 지도의 폭탄을 모두 찾아내는 게임이다.

Chapter 10 ······

영화의 사례 *186*

존 버스틴의 〈Making Movies Work(Silman-James Press, 1995)〉는 매체로서 영화의 기초를 다룬 매우 훌륭한 입문서다.

무용의 표기 시스템 *188*

라반은 1500년대에 이르러서야 무용을 표기하는 원시적인 시스템이 개발되었으며, 1926년에야 비로소 완성되었다고 이야기할 수 있는 시스템을 개발하였다.

수석 발레리나 *188*

이는 윌리엄 버틀러 예이츠가 1927년에 쓴 시 〈Among School Children(학생들 사이에서)〉의 한 구절을 생각나게 한다.

오, 음악에 맞춰 흔들리는 몸이여, 오 빛나는 시선이여,

우리가 춤추는 자를 춤으로부터 어찌 구별할 수 있겠는가?

(〈예이츠 시선〉, 허연숙 번역, 지식을 만드는 지식, 2015)

안무와 비슷한 용어

'루도그래피(ludography)'는 당신이 만들어낸 게임을 뜻하며, 좋은 이름이라고 생각한다. 물론 '출판목록(bibliography)'과 헷갈릴 수도 있지만 말이다. 게임 디자이너 제임스 어니스트는 자신을 '루도그래퍼'라고 불렀다. 누군가 '게임플레이 기록자' 같이 끔찍한 단어보다 좀 더 좋은 생각이 있다면 알려주기 바란다! '루뎀 기록자'는 어떨까? 현재까지 가장 비슷한 용어는 아마도 '시스템 디자이너' 역할일 것이다. 하지만 이는 루딕 아티팩트의 설명을 넘어서는 영역을 너무 많이 다룬다.

루뎀과 외양 간의 부조화

이에 대한 이론적인 용어는 게임 디자이너 클린트 호킹이 2007년의 자신의 블로그 포스트에서 언급한 'ludonarrative dissonance(놀이서사의 불협화음)'가 있다. 블로그 포스트는 다음 링크에서 볼 수 있다(http://clicknothing.typepad.com/click_nothing/2007/10/ludonarrative-d.html).

카메라로 사진을 찍는 게임

닌텐도 64용 게임인 〈포켓몬 스냅〉과 다양한 플랫폼에서 출시된 〈선과 악을 넘어서〉 등이 있다.

이 게임은 또 하나의 테트리스다

이 책의 초판이 출간된 후 10년 동안 이와 일치하는 외양을 가진 게임이 최소한 두 개 정도 나왔으며, 그중 하나 이상은 이 장에서 영감을 받았다.

혐오 범죄 슈팅 게임

KKK단부터 팔레스타인까지 다양한 대의명분을 지지하는 많은 게임이 나와 있다.

만화법

폭력적인 만화가 아이들에게 해를 끼칠 수 있다는 논란 끝에 1950년대에 제정된 법. 그 결과 만화계에 자기 검열이 도입되었다. 오랫동안 만화법 승인 도장을 받지 않고서는 만화를 출판할 수 없었다. 1950년대 EC 코믹스와 1980년에 그려진 아트 슈피겔만의 만화 〈쥐〉 사이에 예술적 격차는 그리 크지 않다. 만화법의 시행으로 인해 만화라는 매체가 30년 정도 퇴보해버렸기 때문이다. 데이비드 하이두의 〈The Ten-Cent Plague: The Great Comic-Book Scare and How it Changed America(Picador, 2009)〉는 이 혼란의 역사를 잘 정리하고 있다.

에즈라 파운드(Ezra Pound)

뛰어난 모더니스트 시인이었지만, 파시스트였고 그리 좋은 사람은 아니었다.

Chapter 11 ·

너 자신을 알라

델피의 아폴론 신전 입구에 적혀 있는 금언이다.

제임스 러브록

가이아 가설을 제시한 환경과학자. 가이아 가설은 우리의 생물권이 하나의 복잡한 유기체처럼 작동한다는 개념이다.

네트워크 이론

그래프 이론으로부터 파생된 네트워크를 연구하는 새로운 과학 분야. 더 살펴보려면 던컨 와츠의 〈Small Worlds((Princeton University Press, 1999)〉와 알버트-라즐로 바라바시의 〈Linked(Plume, 2003)〉를 추천한다.

마케팅

그렇다. 마케팅 역시 인간의 행동 양식에 관한 통찰을 제시해주었다. 특히 마케팅은 우리에게 군중 행동, 단체 정보 전달, 설득 전략 등에 관해 많은 것을 가르쳐주었다.

후기 ························

이는 수정 헌법 제1조의 보호 대상이 되는 데 충분한 요건이다."

〈십 년 후에〉 회고록   *248*

이 발표에 새로 추가된 대부분의 내용은 이번 10주년 기념판에 모두 반영되었다. 직접 읽고 싶다면 다음 링크에서 발표 슬라이드를 볼 수 있다(http://www.raphkoster.com/gaming/gdco12/Koster_Raph_Theory_Fun_10.pdf). 그리고 실제 발표 비디오는 다음 링크에서 볼 수 있다(http://www.gdcvault.com/play/1016632/A-Theory-of-Fun-10).

행복에 대한 과학   *249*

마틴 세리그먼, 에드워드 디너, 대니얼 카네만 등은 연구를 통해 행복을 얻기 위한 핵심 요인은 나쁜 일을 줄이는 게 아니라 배려하고 관용을 베풀어서(개인의 경험을 개선하여) 좋은 일이 늘어나게 만드는 데 있다는 것을 밝혀냈다.